과학 퍼즐

다나카 미노루 / 지음
홍영의 / 엮음

2

퍼즐이란 원래 인간이 즐기기 위해서 발명한 것이다. 퍼즐이라는 말은 본래 옛날부터 있는 「지혜의 판」이나 「지혜의 고리」라는 것을 일컫는다. 세계적으로 유명한 백과사전 《인사이클로피디아 브리태니커》에 의하면 「인내와 지혜를 작용하여 조립하고, 문제를 푸는 매커니컬한 장난감」인 모양이다. 이것이 점점 크로스워드 퍼즐과 같은 말의 놀이가 되고, 수학이나 과학의 퍼즐도 나타나게 된 것이다.

과학 퍼즐 제1부

놀라다!

의심하다!

생각하다!

과학과 상식은 정반대의 것이라 여겨지기 쉬운데 실은 상식의 완전화된 것이 과학이다.

— T. H. 헉슬리(Huxley)

머 리 말

과학이 발달하지 못했던 옛날은 사람들은 자연의 「불가사의」라는 것을 그다지 느끼지 못하고 지내고 있었다. 불덩어리를 보고 놀라거나, 무서워해도 불덩어리는 도깨비불이며, 도깨비불은 죽은 사람의 영혼이라고 알고 있었으니까, 불덩어리 현상을 깊이 조사하거나 생각하거나 하지 않았던 것이다.

과학과 기술이 많이 발달한 현대에서는 상황은 크게 변해 있어야 하는 것이다. 그런데 그렇다고만 말할 수 없는 사실이 있다. 예를 들면 텔레비전이다. 단추를 누르기만 해도 즉시 지구의 반대 측에서 일어나고 있는 것을 눈으로 보고 귀로 들을 수도 있다. 그러나 대개의 사람은 그런 텔레비전의 위력에 탄복은 하고 있어도 거기에 「불가사의」를 느끼지는 않는다.

이런 식으로 과학이 가까이 와 있는데도 오히려 과학은 대중으로부터는 인연이 먼 것이 되고 만다. 요컨대 과학에 대한 사고정지이다.

뉴턴은 「불가사의」를 발견하고 추구한 천재였다.

"나는 해안의 모래알 정도로 많은 진리를 하나하나 생각하는 것이다."

라고 말했다 한다. 만약 뉴턴이 지하에서 얼굴을 내밀고 현대의 세계를 바라보았다면 어떻게 생각할까. 즉석에는 이렇게 많은 「불가사의」를 감지할 수는 없을 것이다. 과학, 기술은 뉴턴 이후로도 많은 「불가사의」를 해명했지만 동시에 뉴턴이 모르는 많은 「왜」를 새로 만들어냈기 때문이다.

그러나 이와 같은 「불가사의」를 발견하는 마음은 뉴턴만의 점유물은 아니다. 어린아이는 누구나 「왜, 왜?」를 연발하며 어른을 추궁하는 시기가 있다. 보는 것, 듣는 것 모두가 불가사의해서 견딜 수 없다고 하는 생생한 마음을 가지고 있다. 그런 점에서는 누구나가 뉴턴이었던 시절이 있다고 할 수 있다. 그것을 우리들은 잊고 있는 것뿐이다.

인간은 본래 끊임없이 「왜」를 생각하고 거기서 출발해서 과학적으로 사물을 생각하고 판단하도록 만들어진 존재이다. 나는 그렇게 확신하고 있다.

그래서 과학에 대해서 생각하는 것을 생활 속에서 낙으로 삼을 수 있다면 우리들은 잊었던 마음을 생각해 내고 생생한 과학적 사고를 하게 될 것이다. 그러기 위한 과학의 퍼즐집이 있다면 아이들에게 있어서나 어른에게 있어서나 과학의 문제는 게임의 즐거움으로 풀 수 있게 되는 것이 아닐까. 나는 전부터 그런 것을 생각하고 있었다.

이과교육의 개혁에 약간 파고들고 있었기 때문에 한층 더 그렇게 생각하게 되었다. 이 책은 이런 나의 오랫동안의 염원에서 생겨난 것이다.

"자연과학이란 이렇게 재미있고 즐거운 학문인가!"

라는 것을 한 사람이라도 많은 사람이 알게 된다면 나의 목표는 90퍼센트 달성하게 되는 셈이다.

마지막으로 이 책을 만드는 데 있어서 많은 조력과 아이디어를 제공해 준 요시가하라 노부유키 씨에게 진심으로 감사하고 싶다. 요시가하라 씨는 도쿄 공대 응용화학을 전공하고 현재 고교에서 과학을 가르치고 있는데, 그 놀라운 박식과 독창적인 착상에 탄복함과 동시에 금후 우리나라에 적지 않은 사이언스 라이터로서 대성하게 될 것을 기대하고 있다.

— 다나카 미노루

차 례

과학 퍼즐 제1부

과학 퍼즐 제2부

플로로그—과학적인 것의 사고방식이란 무엇인가

세 가지 이야기

세상에는 언뜻 보기에 그럴싸한 이야기라든가, 있을 것 같지도 않은 이야기가 많이 있다. 그런 이야기를 세 가지만 들어보자.

(1) 고층 빌딩 36층에서 내리는 엘리베이터 안에서 어떤 남자가 생각했다.

「만약 로프가 끊어져서 맹 스피드로 낙하하면 지면에 격돌하기 직전에 뛰어오르면 틀림없이 살아날 수 있다.」

(2) 한 씨앗 파는 집에 주문의 편지가 왔다.

「씨가 없는 수박 씨를 보내 주십시오.」

(3) 미국의 생물학자 하딘 교수가 학생들에게 이렇게 질문했다.

「불임증은 유전한다고 하는 설이 있는데, 제군은 어떻게 생각하는가.」

(1)의 이야기가 당연히 꾸며낸 이야기라는 것은 누구나 곧 알 수 있다. 그러나 왜 그럴 수는 없는지를 여러분은 정확히 설명할 수 있겠는가.

(2)의 씨가 없는 수박에 대해서는 「씨 없는 수박에서 얻을 수

있는 씨」 따위는 있을 리가 없다. 이것은 사실이다. 그러나 이 편지의 주인이 씨 없는 수박을 만들기 위해 그 씨를 원하고 있다면 어떨까.

실은 보통의 수박을 어떤 화학약품으로 처리해서 씨를 빼서 그 씨에서 생긴 꽃과 보통 수박의 꽃과를 합치면 씨 없는 수박이 생기는 것이다. 때문에 씨 없는 수박에서 얻을 수 있는 씨는 없지만 씨 없는 수박을 만들기 위한 씨라면 이 두 가지의 씨를 보내주면 되는 것이다. 그러므로 (2)의 이야기를 처음부터 불가능하다고 단정할 수는 없다.

(3)의 하딘 교수의 이야기는 씨 없는 수박의 이야기와 약간 비슷하다. 불임이란 아이를 낳지 않는다는 것과 동의어니까 불임의 유전은 확인할 수가 없다. 그러나 만약 불임이 어떤 유전자가 어떤 조건에 놓였을 때 비로소 그 유전자가 작용해서 일어나는 것이라고 가정한다면 그런 유전자가 그 조건과 마주치지 않게 하기 위해 불임증이 겉으로 나타나지 않은 채 부모로부터 자식에게 대대로 전해진다고 하는 것은 생각할 수 없는 것은 아니다.

이렇게 생각한다면 불임의 「소질」의 유전은 있을 수 없는 것은 아니다. 이에 대해서는 현재까지 정설은 없는 것 같다.

엘리베이터 이야기는 「그런 것은 불가능하다」라고 알고는 있어도 사람에 따라서는 이유를 분명히 말할 수 없다. 따라서 그 이유에 결부된 다른 것도 옳게 판단할 수 없게 된다고 하는 예이다.

씨 없는 수박의 이야기와 불임 유전자의 이야기와는 상식적인 이치나 일면적인 형식 논리로는 자연의 사실은 바르게 이해할 수 없다고 하는 예이다.

이와 같은 이야기는 자연과학에 정통한 사람도 반드시 한 번은 「응?」하고 생각하고 흥미가 부추겨져서 논의를 하고 싶어진다. 이 책은 우리들이 일상 경험하거나 보거나 듣거나 하는 자연현상 속에 이와 같은 누구나가 흥미를 가지고 생각하고 싶어지는 문제를 찾아내서 그것을 모아서 퍼즐로 엮은 것이다.

「놀다」, 「만들다」, 「생각하다」

퍼즐이란 원래 인간이 즐기기 위해서 발명한 것이다. 퍼즐이라는 말은 본래 옛날부터 있는 「지혜의 판」이나 「지혜의 고리」라는 것을 일컫는다. 세계적으로 유명한 백과사전《인사이클로피디아 브리태니커》에 의하면「인내와 지혜를 작용하여 조립하고, 문제를 푸는 매커니컬한 장난감」인 모양이다. 이것이 점점 크로스워드 퍼즐과 같은 말의 놀이가 되고, 수학이나 과학의 퍼즐도 나타나게 된 것이다.

원래 퍼즐은 오락이다. 과학 퍼즐도 크로스워드 퍼즐이나 바둑, 장기와 마찬가지로 지능의 놀이이다. 인간은 동물학상「호모 사피엔스(Homo sapiens, 예지인叡智人)」라는 학명을 가지고 있는데, 이것은「생각하는 사람」의 의미이다. 이 라틴어를 변화시켜서 인간을 가리켜서「호모 파베르(homo faber, 工作人 만드는 사람)」라는 말이 있다. 인간은 도구를 만드는 것을 기억하고 유인원에서 진화해 왔기 때문이다.

또 인류가 놀기 좋아하는 데서「호모 루덴스(homo ludens, 즐기는 사람)」라는 말도 있다. 요컨대 인간은「호모 사피엔스」로서, 불이라든가, 힘이라든가, 곡물, 야수 등 온갖 자연 속에 있는 일정한「습관 혹은 규칙」을 찾아내서「호모 파베르」로서 그것을 응용하고 도구를 만들기도 하고 불을 일으킬 수 있게 되었다.

그리고 또 「호모 루덴스」로서 놀며 즐길 수 있게 된 것이다.

이렇게 생각하면 과학퍼즐을 즐기는 것만큼 「생각하는 사람」, 「만드는 사람」인 인간에게 적합한 레크리에이션은 없을는지도 모른다. 실제로 과학퍼즐을 즐기는 것은 이미 사회인이나 가정인이 되고 과학과는 인연이 멀어져버린 것 같은 느낌을 가지고 있는 사람에게 과학을 다시 한 번 가까이 두기 위한 동기를 줄 것이다.

또 문과계의 대학생이나 고교생, 중학생으로 물리나 화학, 생물 등의 자연과학을 별로 흥미가 없는 암기해야 하는 학과라 생각하고 있는 사람은 과학퍼즐의 즐거움에서 그런 학과의 흥미를 발견할 수 있을 것이다.

고지식한 「과학」과는 다소 하찮은 점도 있는 즐기기 위한 「퍼즐」과의 사이에는 대단한 차이가 있는 것처럼 여겨진다. 그러나 어떤 발견이나 발명도 퍼즐 풀이의 산물이라 말할 수도 있다.

뉴턴은 달이 지구의 주위를 도는 것은 지구상의 물체가 지구의 중심을 향해서 혼자서 낙하하는 것과 같은 현상이라고 생각해 냈을 때, 달과 지구 사이나 날고 있는 탄환과 지구 사이에도 똑같이 작용하고 있는 만유인력이라는 존재를 발견한 것이다. 이것은 위대한 퍼즐 풀이였다.

과학적인 사고방식과 비과학적인 사고방식

그러나 같은 문제의 해결에도 단도직입적인 방법과 에둘러 가는 방법이 있듯이 과학, 기술이라는 퍼즐에도 그것이 있다.

19세기 전반의 일이다. 독일의 리비히라는 유명한 화학자가 공업의 선진국인 영국에 시찰을 갔다. 어느 날, 그가 견학한 공장에서 「감청」이라는 그림물감의 원료를 제조하고 있었다. 그 제법은 동물의 피와 가죽을 어떤 약품에 끓여서 재료를 만들어서 그 용액을 큰 철 냄비에 넣고 아래서 열을 가하면서 철 막대기로 달그락달그락 큰 소리를 내면서 휘젓는 것이었다. 그 모양을 주의 깊게 관찰하고 있던 리비히에게 공장의 직공장은 이렇게 설명했다.

"냄비 안의 재료를 휘저을 때 시끄러운 소리를 낼수록 감청의 제품이 좋게 됩니다." 라고.

그래서 리비히는 이렇게 말했다.

"그 재료에서 감청을 만들려면 철을 함유한 또 하나의 화합물을 섞으면 될 것이고, 냄비를 달그락달그락 소리낼 필요는 없다. 큰 소리를 내면서 냄비를 강하게 마찰시키면 냄비의 철이 마모되어 떨어져서 액에 녹게 되니까, 이것이 재료에 작용해서 감청이 생기는 것이다. 이유가 없는 건 아니겠지만, 그런 방법으로는 감청의 됨됨이도 나쁠 것이고, 무엇보다 힘의 낭비라 할 수 있지."

리비히는 고국으로 보낸 편지 속에 그 이야기를 쓰고 있다.

철 냄비를 달그락달그락 휘저으면서 냄비의 철을 마모해 떨어뜨리는 것은 분명히 감청 제조법이라는 퍼즐의 하나의 풀이법이긴 하다. 그러나 리비히처럼 과학적으로 생각하면 문제는 실로 간단히 해결할 수 있다.

직공은 장년의 경험에서 일의 「룰」, 과학에서 말하는 「법칙」에 상당한 것을 발견했겠지만, 거기에는 과학적인 생각이 전혀 결여되어 있었다. 「큰 소리를 내면서 냄비를 휘저으면 좋은 물건이 나온다.」라고 하는 룰 같은 것은 과학의 눈으로 보면 전혀 무의미한 것이었다.

이 룰에는 리비히가 가르친 것처럼「철분이 쉬이니까」라는 과학적인 근거가 있음으로써 비로소 정확한 것이 되는 것이다. 그렇게 하면 동시에 물론「큰 소리를 내면……」이라는 무의미한 조건은 배제하게 된다.

여기에 과학적인 것의 사고방식과 비과학적인 것의 사고방식의 또렷한 차이가 나오는 것이다.

과학적인 사고방식의 5단계

그러나 이렇게 말하면 여러분은 과학적으로 문제를 풀려면 학식이 없는 직공과 달라서 리비히처럼 자연과학을 잘 알지 못하면 안 되는 것이다. 과학을 잊어버린 사람, 과학을 싫어하는 사람에게 어떻게「과학 퍼즐」을 즐길 수 있겠는가 하고 생각할지도 모른다.

확실히 그것은 일면의 진리이긴 하지만, 반면에 지나친 생각이기도 하다. 왜냐하면 어떤 사람이라도 일상생활에서의 견문이나 체험, 학교에서의 수업 등을 통해서 기초적인 과학의 사실이나 법칙에 상당한 것을 저도 모르는 사이에 익히고 있는 것이다. 과학퍼즐은 잊어버렸다고 생각했던 지식을 머릿속에서 불러내는 마법의 지팡이의 역할을 한다.

또 하나는 과학의 방법이라는 것은 사물을 생각하고 확인해 가는 절차에서 말한다면 인간이 일상생활 속에서 이렇다 하고 깨닫지 못하고 사용하고 있는 「방법」과 본질적으로 다르지 않다는 것이다.

이런 사고방식에서 미국의 철학자 J. 서머빌은 「과학입문」이라는 책에서 과학적인 것의 사고방식으로서 다음과 같은 5단계를 제안하고 있다.

(1) 문제를 표현한다.
(2) 가설을 제안한다.
(3) 가설에서 연역을 한다.
(4) 연역을 관찰 또는 실험에 의해서 시험한다.
(5) 결론을 내린다.

예를 들면 닭장의 닭이 행방불명되었다고 하자. 다음 페이지의 그림은 그 현장을 스케치한 것으로서 잘 살펴보기 바란다. 거기에서 많은 사실을 관찰할 수 있다. 닭장의 구석에 막대기가 하나 세워져 있는데, 전체의 형태에서 볼 때 이것은 분명히 사건과 무관하다. 그러나 닭의 깃털이 많이 떨어져 있다는 사실은 닭이 「범인」에게 상당히 심하게 저항했다는 것을 이야기하고 있다. 닭장의 한 구석에 어제까지 없었던 새로운 큰 구덩이가 있다. 구덩이의 크기는 침입자를 추정하는 단서가 될 것 같다.

여러 가지 조사 끝에 「출입구를 닫은 닭장의 닭이 한 마리 없어졌다. 닭장에는 깃털이 많이 흩어져 있고 닭장의 동쪽 모퉁이의 지면에 직경 30센티미터 정도의 구덩이가 누군가가 판 것이다.」라고 「문제를 표현」할 수 있다. 이때 분명히 사건과는 무관한, 예를 들어서 닭장의 지붕의 페인트 색, 어제 닭장에 가지고 들어간 채 세워두었던 막대기는 이 표현에서는 생략할 수 있다.

이와 같이 표현된 사실에서 「범인」의 추정이 시작된다. 누군가가 판 것 같은 구덩이는 침입구일 것이다. 구덩이의 치수로 비추어 볼 때 고양이나 족제비의 짓은 아닌 것 같다. 제일 확실하다고 할 만한 것은 개이다. 이 점은 밤이 되면 자주 들개가 헤매고 있다. 그래서 「개가 닭장 모퉁이에 구덩이를 파고 침입하여 닭을 죽이고 낚아 채갔다」라는 「가설」이 성립된다.

그러나 이것은 가설이기 때문에 진범이 고양이가 아니라고 단정할 수 없다. 개가 구덩이를 파놓은 곳에 고양이나 족제비가 들어갔는지도 모른다. 이 가설은 확인해야 한다.

가설을 확인한다는 것은 예상할 수 있는 사실의 관찰이나 실험인데, 어떤 사실을 일으키고 그것을 어떻게 관찰, 실험하면 될 것인가. 만약 사건이 가설대로라면「구덩이를 막으면 범인은 닭장을 엿보러 왔어도 안에는 들어갈 수 없다」,「구덩이를 막지 않고 그대로 두고 닭장 안에 닭을 넣어두면 다시 와서 닭을 덮친다」는 경우도 있을 것이다.

이와 같이 가설에서 있을 수 있는 것을 추리하여 표현하는 것이「연역」이다. 있을 수 있는 것을 추리할 수 있다면 그것을 인공적으로 일으켜 보면 된다. 요컨대 일부러 구덩이를 파두고 개가 숨어들어갈 것인지 어떤지 여부를 살핀다든가, 구덩이를 막아버리고 개가 오는지 안 오는지 여부를 살피는 것이다. 이것이「실험, 관찰에 의한 확인」이다.

이렇게 해서「확인」이 되면 가설은 증명되고「결론」은 나오게 된다. 만약 실험 결과가 가설과 다르면 출발점으로 돌아와서 표현된 문제를 재검토하고 재고하여 새로운 가설을 세워야 한다.

여러분을 과학의 세계로 이끄는 책

그런데 이와 같은 사고의 스텝이 과학의 방법의 일단이라 한다면 우리들은 매일 그것을 사용하며 지내고 있다고 여러분은 생각할 것이다. 틀림없이 그렇다. 누구나 태어나면서 「과학자」인 것이다. 다만 그 방법을 의식하고 있지 않을 뿐이다. 때문에 그 방법을 좀 더 파고들고, 전개해서 더욱 적극적으로 활용한다면 우리들 앞에는 지금까지 몇 배나 되는 새로운 세계가 펼쳐질 것이다. 이 책에서 나는 그렇게 하기 위한 도움을 주려 하고 있는 것이다. 그래서 나는 이 책을 제 1부(6장), 제 2부(7장)으로 분류해 보았다.

앞에서 소개한 서머빌의 5단계에 맞추어서 생각해 보면 제1장의 「의심하는 것」은 서머빌의 「문제를 표현하는 것」에 해당된다. 다시 말해서 문제 해결 처음부터의 출발점이다.

제 2장의 「추리하는 것」은 마찬가지로 가설을 제안하고 「가설에서 연역을 하는 것」에 상당한다. 제 3장의 「확인하는 것」은 「관찰, 실험에 의해서 시험하는 것」에 상당한다. 제 4장의 「시점을 바꾸는 것」, 제 5장의 「변화를 파악하는 것」은 모두 자연현상에서 가설을 유도하고 추리할 때 극히 유효한 사고 상의 기술이다. 제 6장의 「법칙을 파악하는 것」은 경험 속에서 어떤 일정한 규칙

을 유도해 내는 것이 중심이 되어 있다. 법칙을 파악하는 것은 과학에 있어서 최종 목표이며, 이 책의 각 장도 결국은 이 목표를 향해 만들어졌다 할 수 있다.

다만 각 장에서 다섯 단계이며 여섯 개의 사고방식을 전적으로 떼어놓고 독립된 것으로서 취급한다는 것은 절대로 불가능하다. 방법이라든가 사고방식이라는 것은 따로따로 떨어져 있는 것이 아니라 항상 일체가 되어 있기 때문이다. 때문에 각 장에서 언급한 표제는 어디까지나 그 장의 중점적인 목표라는 것이다. 그것은 각 장의 「목적」과 「정리」를 읽으면 알 수 있을 것이다.

따라서 하나하나 문제에 대해서도 그 문제가 그 장에만 꼭 적합한 것은 아니다. 과학의 문제는 하나의 사고방식뿐이지 해결할 수 있는 것이 아니다. 그런데 이 「과학퍼즐」에서는 소위 속임수 문제, 일부러 곤란하게 하는 문제는 취급하지 않기로 했다. 조리 있게 생각하면 반드시 풀 수 있다는 퍼즐이 아니면 「과학퍼즐」이라고 할 수 없기 때문이다.

마지막으로 과학의 「방법」이라는 것은, 예를 들어 서머빌이 한 것처럼 또 이 책에서 한 것처럼 일괄적으로 말하면 「정석」과 같은 것이라 할 수 있다. 그러나 언제나 그 정석의 스텝을 내딛는다고 사물의 진상이 명백해지는 것이 아니다. 도중에서 뛰어넘는 일도 있고 되돌아가는 일도 있다. 나중에 생각해 보면 쓸데없는 우회였다고 하는 경우도 있고, 그렇게 우회하는 것이 뜻밖의 신발견을 낳게 하는 경우도 있다. 형식적인 「방법」에 구애되는 것은 과학의 흥미를 없애버리는 것이다.

여러 가지로 「과학」에 대한 이야기, 「퍼즐」의 효능이라는 것을 썼지만, 결국 나는 이 책에 의해서 여러분에게 과학의 즐거움을 제공하고 여러분을 과학의 세계로 이끌어 갈 수 있다면 그것으로 족한 것이다.

PART 1. 의심하는 것

"지상에 서 있을 수 있다는 것은 정말 이상한 것이다."

— 패러디(Faraday)

<이 장의 목적>

어두운 밤하늘이 갑자기 반짝 빛나거나 손에 익은 스푼에 어느새 녹이 슬게 된 것을 깨닫는다. 이와 같은 예기치 않는 것, 경험하지 않은 것, 있을 것 같지도 않은 일에 부딪치는 것, 우리들의 마음은 그 쇼크에 반응해서 무엇일까, 왜 그럴까 하는 의심하는 마음이 생긴다. 생각하고 조사하여 하나의 답을 찾아낼 때도 있지만, 여러 가지 답을 생각해내서 어느 하나를 정하지 못할 때도 있다. 「왜」라고 생각하는 것도 「의심」하는 것이지만, 어떤 답을 택할까 하고 망설여지는 것도 「의심」하는 것이다. 아무튼 그 수수께끼를 해명하려고 하는 적극성이 「의심」을 과학으로 높인다.

전골집에 가서 테이블에 앉는다. 강한 가스 냄새가 풍기고 있다. 「왜 가스 냄새가 날까?」하는 의심이 일어난다. 거기서 불을 붙이기 전에 마개를 닫았기 때문에 타지 않는 가스가 약간 나왔는지, 가스관에서 새어나오고 있기 때문일까, 아니면 어디서인가 관이 벗겨져서 가스가 분출하고 있는 것은 아닐까 하고 여러 가지 가능성이 나오게 된다. 이 경우 제일 위험한 가능성에서 하나씩 살펴 간다.

이 장에서는 이와 같은 「의심한다」고 하는 적극적인 자세에 눈을 돌려보자.

【문제 5】

아무것도 싸지 않은 맨 얼음과 솜으로 싼 얼음은 어느 쪽이 빨리 녹겠는가?

【해답】 알맹이 얼음.

뜨거운 물통을 솜으로 싼 것과 알맹이로 두는 것과는 솜으로 싼 쪽이 잘 식지 않고 솜을 넣은 옷은 입고 있으면 따뜻하다. 이것은 분명하다. 그러면 솜 자체가 따뜻한 것일까. 솜 자체가 열을 가지고 있기 때문에 식어진 물통을 싸서 다시 따뜻한 물통으로 할 수 있겠는가. 아무래도 「솜은 따뜻하다」라는 우리들의 상식을 한번 의심해 보아야 할 것이다. 실은 결코 솜 자체가 열을 가지고 있는 것은 아니다. 솜 자체는 어디까지나 열이 전해지는 것을 막는 「단열재」인 것이다. 솜으로 싼 물통이 언제까지나 따뜻한 것도, 솜을 넣은 옷을 입으면 따뜻한 것도 전부 안의 열을 밖으로 나가지 않게 하기 때문이다. 이것이 반대로 문제처럼 차가운 것을 싼 경우에는 어떨까. 열이 밖에서 들어가기 어렵게 되는 것이다. 이 때문에 솜으로 싼 얼음은 좀처럼 녹지 않고 알맹이 얼음 쪽이 빨리 녹아버린다. 보온병에 얼음을 넣으면 언제까지나 녹지 않고 있고 따뜻한 물을 넣으면 언제까지나 식지 않는다. 보온병은 그림처럼 솜보다 완벽한 단열 처치가 되어 있는 것이다.

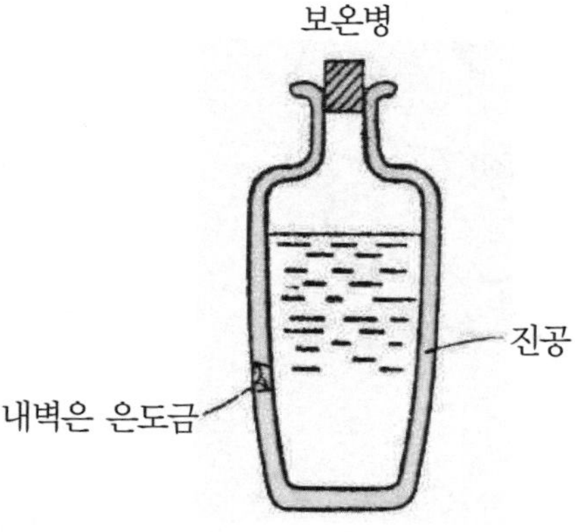

【문제 6】

한 두부집이 개점 10주년 기념으로 대매출을 했다. 그 때 선전용으로 세로, 가로, 높이 모두가 2미터인 두부를 만들려고 생각했다. 이 두부집의 생각은 실현할 수 있는 것일까?

【해답】 할 수 없다.

보통의 부드러운 두부로 2미터나 되는 큰 것을 만들 수 있겠는가 하는 점을 우선 의심해 보아야 할 것이다. 보통의 두부는 두께가 5센티 정도밖에 안 된다. 그것을 두께 2미터로 하려면 자신의 무게로 밑바닥의 두부는 여느 때의 40배의 압력을 받게 된다. 그런데 두부는 압축에 대한 강도가 적고 1미터도 쌓기 전에 아래쪽이 짜부라져 버리는 것이다.

《물리학 산책》이라는 책에 의하면 30센티미터에서 60센티가 한계라고 한다. 두툼한 이불도 몇 장을 겹쳐 쌓는다면 아래 쪽은 짜부라져서 납작하게 되어버린다. 이불의 경우는 엷어질 뿐이지만 두부는 너무 엷어질 수 없기 때문에 짜부라져 버리는 것이다. 그러나 물속에서 두부를 만들 수 있다면 물에서 받는 부력으로 밑바닥에 가해지는 압력이 적어지고 두부는 짜부라지지 않을지도 모른다. 그러나 그 높이가 한계를 넘으면 짜부라져 버린다는 것은 변함없다.

공상과학소설 같은 데서 자주 가로, 세로, 높이 모두 10배나 된다고 하는 사람 모습의 생물이 등장하는데, 지구와 같은 중력의 별로서 사람과 같은 다리의 재료를 사용하면 실제로는 아무 동체와 구별할 수 없는 무섭게 굵은 다리가 아니면 체중을 지탱할 수 없을 것이다.

【문제 7】

어떤 사람이 영화관에 카메라를 가지고 들어가서 영화 신을 촬영했다. 그런데 그의 카메라는 렌즈 밝기가 어둡고 좀처럼 사진이 찍히지 않는다. 그래서 어쩔 수 없어서 플래시를 터뜨려서 촬영하기로 했다. 과연 그의 이 방법은 성공할 수 있겠는가?

【해답】 성공하지 못했다.

플래시 촬영을 할 때 영화관의 스크린 위를 상을 보통의 것과 똑같이 생각해도 좋을까. 이 점을 우선 의심해 보아야 할 것이다.

어두운 곳을 촬영하는 것은 플래시를 사용하면 된다.―이 생각이 고정화되면 문제와 같은 큰 과오를 저지르게 되는 경우가 있다.

영화가 필름을 통해서 비쳐진 빛의 상이며 그 상을 확실히 비치기 위해서 방을 어둡게 하고 있다는 것쯤은 누구나 알고 있을 것이다. 때문에 스크린을 플래시 촬영하면 스크린이 밝아져서 스크린 상에는 거의 아무것도 비치지 않는다. 따라서 카메라에도 찍히지 않는 것이다. 스크린은 밝아지면 단순한 천이 되어 버린다.

마찬가지로 텔레비전이나 사람 그림자도 플래시로는 찍을 수 없는 것이다. 다만 막연히 생각하고 있으면 결국 멍청하게 하게 될 법한 미스이다.

【문제 8】

한 공장에서 물이 테두리까지 가득 찬 큰 물통 아래에 통나무를 넣고 굴려서 이동하기로 했다. 기울지 않도록 하는 통나무가 필요하다. 그래서 공장장은 "직경이 같고 단면이 정확한 원이 되는 통나무를 만들어서 그 형태 이외의 통나무로서는 물통이 평행으로 움직이지 않기 때문에 절대로 사용하지 말 것." 하고 공원에게 명했다.

이 명령은 옳은 것일까? 또 지면은 수평이라고 한다.

【해답】 옳지 않다.

단면이 정확한 원이 되는 굵기의 같은 통나무라면 확실히 화물은 수평으로 움직인다. 그렇다면 공장장의 말은 옳지 않은가. 그러나 원은 확실히 정확하지만, 원만이 정확한 것일까. 원 이외에 화물을 수평으로 이동하는 단면의 형태가 있는 게 아닐까 하는 의심의 여지가 있다.

결론을 말하면 원 이외에도 예를 들면 그림 (1) 같은 형태가 있을 수 있다. 요컨대 정삼각형의 각 정점에서 60도씩 한 변의 길이를 반경으로 원호를 그린다. 이 형태의 단면이라도 화물은 올라갔다 내려갔다 하지 않고 수평으로 이동한다. 실제로는 판지를 이 모양으로 오려내서 책상 위에 수직으로 세워서 위에 판자를 얹고 굴려 보면 잘 알 수 있다. 때문에 예를 들면, 같은 간격으로 유지한 판 사이에서 밀가루를 반죽하여 밀가루 막대기를 만들었다 해도 그 단면이 반드시 원이 되는 것은 아니며, 또 같은 방법으로 밀가루 구슬을 만들어도 반드시 정확한 둥근 구슬이 된다고는 할 수 없고, 그림 (2)처럼 정사면체를 부풀린 것 같은 구슬이 되는 경우도 있다고 말할 수 있다.

(1)

(2)

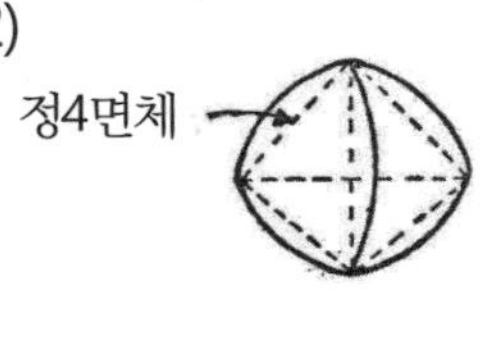

【문제 9】

튼튼하고 가벼운 금속을 사용해서 고무공 모양의 큰 볼을 만들었다. 개중에 물질 중 제일 가벼운 수소가스를 채웠더니 볼은 둥둥 뜨면서 상승했다고 하자.

다음에 그 볼 속의 수소가스를 펌프로 빼서 속을 거의 진공상태로 했다. 그래도 역시 이 볼은 상승했다고 하자.

이 보고를 믿어도 되겠는가? 또 속을 진공상태로 해도 이 볼은 찌부러지지 않는다고 한다.

【해답】 믿어도 좋다.

물질 속에서 제일 가벼운 수소가스가 들어가 있기 때문에 볼은 상승했을 것이다. 그렇다면 그 수소를 빼버리면 볼에는 더 상승할 힘은 없는 게 아닐까. 보통 누구나 이렇게 생각한다. 그러나 이렇게 되면 빼버린 후의 진공상태의 것을 조금도 생각하고 있지 않다. 진공이란 어떤 것일까. 다시 한 번 의문에 부딪쳐 보자.

분명히 수소가스는 물질 속에서 제일 가볍다. 때문에 고무풍선에 채우면 풍선 전체가 같은 체적의 공기보다 가볍게 되고 부력을 받아서 상승한다. 나뭇조각을 손으로 물속에 가라앉히고 누르고 있던 손을 놓으면 나뭇조각은 떠오른다. 이와 마찬가지다.

그러나 나뭇조각 자체에 무게가 있듯이 수소가스도 정확히 무게가 있다. 그렇다면 수소를 빼버리고 안에 아무것도 없어진 공은 들어 있던 수소의 무게만큼 본래의 상태보다 가벼워지는 것은 당연한 것이다.

중량이 작아져서 부피가 본래대로라면 부력에서 중량을 뺀 상승력은 한층 커진다. 때문에 진공으로 한 문제의 금속제 볼은 수소가스를 채웠던 때보다 빨리 상승하게 된다. 다만, 현실에는 이런 볼은 만들 수 없다. 금속으로 만든다고 한 것은 고무나 종이처럼 흐늘흐늘하지 않은 것을 가정하고 싶었기 때문이다.

【문제 10】

연구를 열심히 하는 원예가가 생각했다. 식물의 잎은 대개 녹색이기 때문에 녹색의 광선을 좋아하는 모양이다. 그렇다면 온실의 지붕이나 벽면에 녹색 유리를 끼고 태양광선 중 잎의 색과 똑같은 녹색의 빛만이 식물을 비치도록 하면 식물은 빨리 생장할 것이다. 원예가의 실험은 성공하겠는가?

【해답】 성공하지 못한다.

녹색 잎에 녹색의 빛이 있다면 어떻게 될까? 이것이 의문의 포인트이다.

원래 잎이 녹색으로 보이는 것은 왜 그럴까. 태양광선은 무지개색이나 프리즘에 통한 빛을 보면 알 수 있듯이 온갖 색의 빛이 섞여 있어서 사람 눈에 색을 느낄 수 없게 되어 있다. 요컨대 「백색광」이다. 식물 잎의 녹색 부분은 백색광이 비치면 적・청 등의 빛을 흡수하고 그 에너지를 자양분을 만드는 데 이용한다. 그리고 흡수하지 않았던 나머지 빛을 반사한다. 이 빛의 색이 녹색이다.

빨간 유리가 빨갛게 보이는 것은 백색광에서 적색 이외의 색의 광선을 전부 흡수하고 빨간 빛만 통과시키기 때문이라고 하는 것과 마찬가지다. 요컨대 잎의 색과 꼭 같은 녹색의 광선은 처음부터 잎의 자양분을 만들기 위해서는 거의 쓸 수 없는 것이다. 그러면 식물은 자양분을 만들 수 없게 된다.

실제로는 녹색의 유리를 투과하는 광선에는 자양분을 만드는 데 이용할 수 있는 빛이 다소는 포함되어 있기 때문에 생장이 완전히 정지하는 현상은 없을 것이다. 또 홍조(紅藻), 갈조(褐藻) 등의 조류에는 녹색의 식물과는 다른 색소가 있어서 녹색이나 녹색에 가까운 광선도 흡수해서 광합성을 한다고 일컫는다.

【문제 11】

A군이 이발소에서 머리를 깎고 있었다. 그러자 이발소 주인이

"저 멀리 굴뚝에 사람이 올라가고 있는 게 보인다구요. 거울에 비치고 있죠?" 라고 말했다.

호기심에 A군은 자세히 보기 위해 얼굴을 거울에 바싹 갔다 댔다. 굴뚝의 사람이 잘 보이겠는가?

【해답】 보이지 않는다.

거울에 비친 상과 사진이나 그림 등에 그려져 있는 상과를 똑같이 생각할 수 있는 것일까, 아니면 전혀 다른 것일까.

A군은 굴뚝의 상이 종이에 그린 그림처럼 거울 표면에 있다고 순간 생각하고 거울에 눈을 가까이 갔다 댔을 것이다. 적어도 중학이나 고교에서 물리를 공부했을 A군은 거울에 비쳐 보이는 굴뚝이 거울 위에 있는 것이 아니라는 것 정도는 알고 있을 것이다. 요컨대 굴뚝에서 거울까지의 거리를 1000미터, 거울에서 눈까지의 거리를 1미터라 하면, 이것을 합한 1001미터만큼 거울에 비친 굴뚝은 눈에서 떨어진 곳에 있게 된다. 때문에 거울에서 눈까지의 거리를 10센티미터로 줄여도 1001미터가 1000미터 10센티로 변했을 뿐, 굴뚝 위의 사람이 보이는 것에는 큰 차이가 없다. 이 거울에 비친 사람을 크게 보기 위해서는 확대경이 아니라 망원경을 사용하여야 하는 것이다.

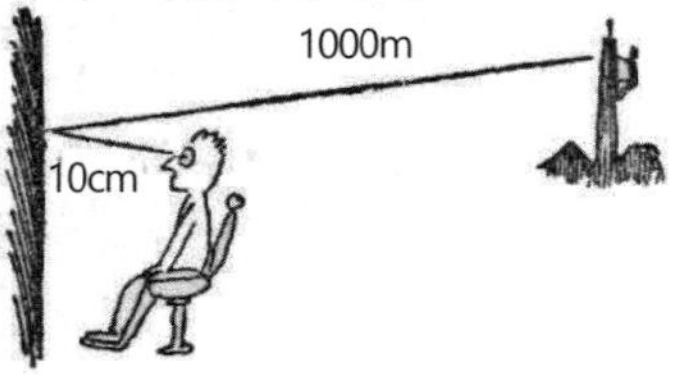

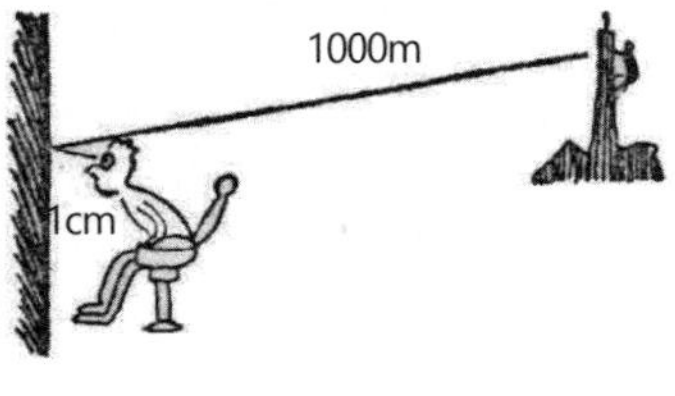

【문제 12】

토마토와 감자는 같은 가지과의 식물이기 때문에 감자의 줄기에 토마토를 접목할 수 있다. 이렇게 접목하면 지하에 감자, 지상에 토마토가 동시에 열린다는 것을 알았다. 이것을 들은 한 사람이

"이 방법을 사용하면 같은 넓이의 땅에 토마토와 감자를 반반씩 심은 경우에 비해서 2배의 수확을 얻을 수 있겠지." 하고 생각했다.

이 생각은 옳은 것일까?

【해답】 옳지 않다.

이 사고방식이라면 이 한 그루의 토마토나무에 다른 가지과의 식물을 점점 접목하여 4배, 5배로 무한히 수확을 증산하게 되지는 않을까. 아무리 생각해도 이것은 부자연스럽지 않은가. 그런 점을 의심해 볼 필요가 있을 것 같다.

토마토, 감자도 태양에서 받는 빛의 에너지로 광합성이라는 복잡한 합성을 행하여 열매나 감자를 만든다. 이 접목의 경우는 지상에 나와 있는 토마토의 잎이 이 합성작용을 한다. 그러나 그 토마토의 잎이 생산하는 생산물의 총량은 토마토만을 심었을 때와 큰 차이는 없을 것이다.

요컨대 지상의 토마토의 열매도 지하의 감자도 이 잎에 의해서 합성된 자양분으로 만들어진다. 때문에 보통 토마토의 나무가 만들어내는 생산물이 토마토와 감자로 분배될 뿐이며, 2배는 수확할 수 없는 것이다.

하긴, 품종개량이 추진되어도 더욱 광합성의 효율 좋은 품종이라든지 잎이 많은 품종이 생기면 이 방법도 전혀 꿈으로 끝나지는 않을 것이다. 그리고 또 이와 같은 어린아이 같은 공상이 과학을 진보시키는 원동력의 하나라는 것도 잊어서는 안 된다고 생각한다.

【문제 13】

공기가 들어가서 부풀어 있는 종이 자루와 접어서 공기를 뺀 종이 자루는 어느 쪽이 무겁겠는가?

【해답】 똑같다.

종이풍선은 불어서 탁 치면 공중을 가볍게 난다. 종이봉투도 마찬가지다. 그러나 이것은 종이봉투가 가볍기 때문일까. 이 점이 의문이다.

목욕탕 속에서 자신의 체중을 거의 느낄 수 없는 것은 수중에 있는 몸의 부피의 물의 중량만큼 물에서 부력을 받기 때문이다. 유명한「아르키메데스의 원리」이다. 목욕탕 바닥에 체중계를 가라앉혀 놓는다면 고작 10킬로그램일 것이다. 그런데 물과 마찬가지로 공기에도 부력이 있다.

우리들은 언제나 무관심하게 체중을 재고 있는데, 그 때 공기중에 있다는 것을 잊어서는 안 된다. 실은 우리들의 몸은 공기의 부력으로 50그램에서 80그램 정도 가벼워져 있는 것이다.

종이풍선의 경우도 접어두었을 때의 부력은 대수롭지 않지만, 부풀렸을 때는 상당한 부력이 된다. 그러나 잘 생각해 보면 부풀린 공기는 봉투 속에 들어있기 때문에 그 무게는 봉투의 무게에 가산된다. 봉투 속에 있는 공기가 바깥 공기와 조성도, 밀도도 같다면 봉투 속의 공기의 중량은 이 공기 자체가 받는 부력과 같아진다.

따라서 봉투 속의 공기는 완전히 무시해도 될 것이고, 접은 봉투도 부풀은 봉투도 무게에는 변화가 없다는 것을 알 수 있다.

【문제 14】

유원지에 가면 「로터(rotor, 회전자)」라고 하는 장치가 있다. 큰 원통 속에는 사람이 들어가고 벽에 등을 붙여서 선다. 그러면 그 원통은 뱅글뱅글 회전을 시작하여 회전이 빨라지면 사람이 서 있던 바닥이 아래로 떨어지도록 되어 있다. 이를 보면서 한 아버지가 아이와 그 어머니에게 말한다.

"로터가 회전하면서 안에 들어가 있는 사람은 원심력으로 밀려서 벽에 붙게 된다. 때문에 아이들처럼 체중이 가벼운 사람은 바닥이 없어져도 아래에 떨어지지 않는다구. 그러나 당신처럼 뚱뚱한 무거운 사람은 아래로 떨어져버릴 거야. 당신은 타지 않는 게 좋을 거야."

이 아버지의 설명은 과연 옳은 것일까?

【해답】 옳지 않다.

이 아버지는 두 가지 설명을 하고 있다. 로터가 돌면 왜 안의 사람이 떨어지지 않는가. 무거운 사람과 가벼운 사람은 어느 쪽이 떨어지기 쉬운가. 물을 넣은 물통을 손에 들고 뱅글뱅글 돌려도 안의 물이 쏟아지지 않는다는 것, 그리고 이것이 원심력의 작용에 의한 것임은 누구나 알고 있을 것이다. 그러면 아버지의 설명의 전반은 옳다고 하겠다. 그러면 그 물통 속의 것이 무겁고 가벼움에 따라서 떨어지고 안 떨어진다는 차이가 생기는 것일까? 이 아버지의 이치로는 무거운 것은 떨어지게 된다. 정말 그렇게 될까? 여기에서 의문을 발견할 수 있으면 된다.

실제로는 무겁든 가볍든 마찬가지다. 왜냐하면 원심력은 무게가 클수록 크게 작용한다. 체중 60킬로그램의 어른이 가령 1이라는 크기의 힘으로 벽에 밀어붙여진다면 그 절반의 체중 30킬로그램의 어린아이는 역시 절반인 0.5의 힘으로 벽에 밀어붙여진다. 때문에 어린아이가 벽에 밀어붙여져서 떨어지지 않는다면 어른도 떨어질 리가 없다. 우주비행사는 날아 올라가서 우주선이 궤도에 오를 때까지는 상당한 가속도를 받아서 바닥에 밀어붙여진다. 이 힘은 지구의 중력의 몇 배나 되기 때문에 그 강한 가속도에 익혀둘 필요가 있다. 그 때문에 우주비행사의 훈련에는 이 로터의 규모로 큰 것이 사용되고 있다.

【문제 15】

어떤 사람이 밖에서 에너지를 가하지 않아도 무한히 움직이는 장치를 발명했다고 한다. 그림처럼 원통형의 코르크를 물이 들어 있는 통에 끼워 넣고 자유로 돌아갈 수 있도록 부착한다. 그러면 물속에 있는 부분의 코르크는 위로 떠오르려 하고, 밖으로 나와 있는 부분은 자신의 무게로 아래로 내려가려고 한다. 때문에 코르크는 뱅글뱅글 돌고 아무리 돌아도 힘은 똑같이 가해지니까 영구히 돌게 된다.

회전을 정지시키지 않을 정도의 기계라면 롤러를 통해서 연결하면 전기나 연료를 사용하지 않고 계속 회전할 것이다. 틈에서 물이 쏟아지지 않도록 했다고 하면, 이 장치가 과연 이론대로 움직이겠는가?

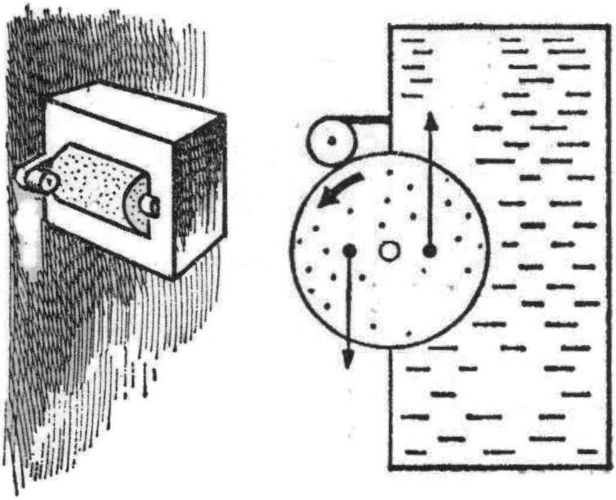

【해답】 움직이지 않는다.

어떤 물건이 받는 부력이란 액체가 그 물체의 주위 전체에서 미치는 압력을 합계한 것이다. 물의 압력은 깊을수록 크기 때문에 물체의 상변과 하변에서는 하면에 가해지는 힘이 크고, 그 때문에 물체는 위로 향한 부력을 받게 된다. 압력은 면에 대해서 직각으로 작용하기 때문에 그림 A, B와 같은 단면의 것은 모든 압력이 그 중심에 향해 작용하게 된다. 때문에 이 모든 힘을 합계해서 하나의 힘으로 나타내면 그 힘이 중심을 지나는 것은 분명하다. A의 경우는 중심을 지나서 이 물체를 뜨게 하는 힘으로서 작용하고 있는데 B의 경우, 힘의 합계는 화살표 방향으로 향한다. 중심에 아무리 힘이 가해져도 그 힘은 원통 전체를 이동시킬 힘은 되어도 원통을 회전시키는 힘은 되지 않는 것이다. 또 코르크 자체의 무게는 중심의 좌우에서 같기 때문에 균형을 이루고 있다. 이와 같이 외부에서 에너지가 보급되지 않고 외부에 대해서 일을 계속한다고 하는 가상적인 기관을 「영구기관」이라 한다. 현대에서는 「열역학의 제1, 제2 법칙」이라고 하는 영구기관에 관계가 깊은 법칙이 확립되어, 이론적으로 이런 영구기관이 불가능하다는 것을 증명하고 있다.

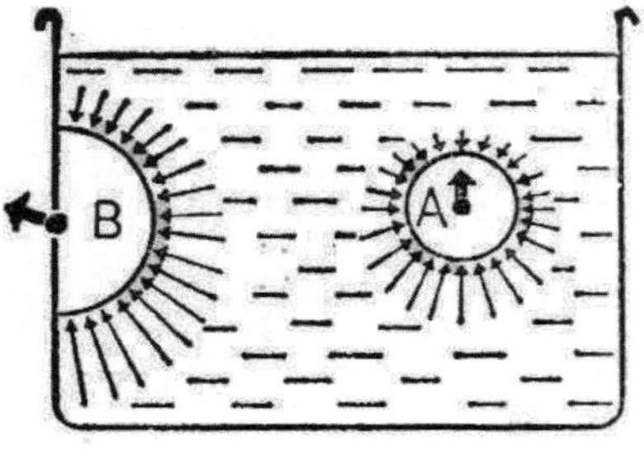

【문제 16】

빛도 소리도 일정의 파장이 되어 우리들의 감각기관에 전해진다. 빛의 경우, 예를 들어서 원판의 절반씩을 파란색과 노란색으로 나누어 칠하여 이 원판을 회전시키면 우리들의 눈에는 녹색만의 원판으로 보인다. 다시 말해서 이 원판에 나누어 칠한 파란색과 노란색을 식별할 수 없게 되어 새로운 색을 느끼게 된다. 파란색과 노란색이라는 두 개의 색이 섞이면 그 두 가지 색의 파장의 중간 파장을 가진 녹색이라는 색으로 보인다는 것이다.

그러면 높이가 다른 두 개의 소리를 동시에 들은 경우, 색의 경우처럼 그 두 개의 소리 중간 높이의 음으로 들리겠는가?

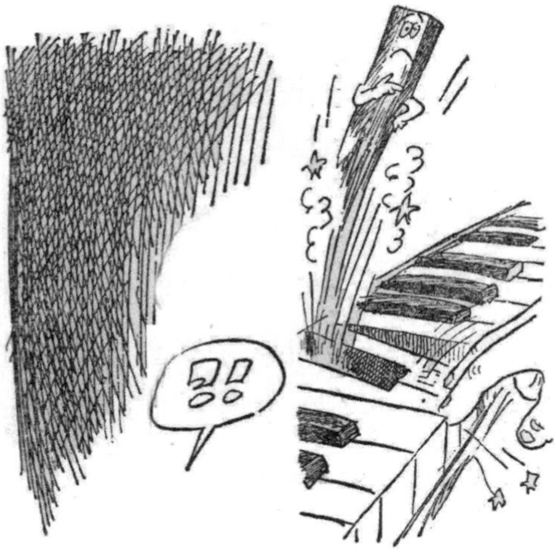

【해답】 중간의 소리로는 들리지 않고, 두 개의 소리가 따로따로 들린다.

우리들의 일상생활 체험에서 볼 때, 예를 들면 바이올린과 피아노의 합주로 양쪽 소리가 혼합되어 두 개의 악기의 「혼혈」과 같은 다른 악기의 소리가 되어버린다는 것이 있을 수 없다는 것은 명백하다.

그러나 소리와 마찬가지로 파장으로 전해지는 빛이 혼합되어서 중간색으로 느껴진다고 하는데, 소리가 혼합되어도 그렇게 되지 않는다는 것은 확실히 한번 의심해 볼 만한 현상이다.

왜냐하면 이 문제는 결국 사람의 시각과 청각에 그런 감수하는 방법의 차이가 있다고밖에 말할 수 없을 것이다. 만약 두 소리가 혼합되어 중간 소리로 들린다면 피아노의 검은 건반 등은 불필요할 것이고, 그 양쪽의 건반을 동시에 두드리면 된다는 것이다. 이와 같이 비슷한 소리에서도 구별할 수 있는 것이니, 이질적인 소리라면 사람의 귀는 더욱 고도의 구별하는 능력을 발휘한다. 예를 들면 테이프레코더로 녹음하고 있을 때는 전혀 깨닫지 못하고 있던 전차의 통과음이 테이프를 재생해 보면 의외로 크게 녹음되어 있었다고 하는 경험을 한 사람도 많을 것이다. 평소 쓸데없는 소리는 충분히 들리지 않으니까 무의식적으로 선별해서 마음에 두지 않도록 하고 있는 것이다.

【문제 17】

한 그림에 그림과 같은 달이 그려져 있었다. 그것을 본 세 사람이 서로 논의하고 있다.

A : “빛나고 있는 부분이 원에 가까우니까 보름 밤 조금 전이거나 조금 지난 후의 달일 거야.”

B : “보름달이라구. 저보라구, 달맞이 떡도 그려져 있잖나.”

C : “바보 같은 소리, 이런 달은 절대로 있을 수 없다구. 이 그림을 그린 화가는 달의 참과 이지러짐을 잘 보지 못했던 거라구.”

여기서 누구의 말이 옳겠는가?

【해답】 B가 옳다.

우리들은 의외로 달의 형태의 변화를 잘 보고 있지 않다. 기억에 비추어서 대답을 내기보다 이런 형태가 정말 있을까 하고 의심해 보자. 달은 태양에 비쳐져서 그림 (1)처럼 그것의 거의 반구가 빛나고 있다. 달은 지구를 돌고 있기 때문에 지구상에서는 빛나고 있는 절반분이 여러 가지 형태로 보인다. 이것이 달의 참과 이지러짐이다. 때문에 달의 원형이 이지러진 양 끝을 잇는 직선은 그림 (2)처럼 거의 원의 중심을 지난다.

그런데 문제의 그림은 이지러진 부분의 두 점을 잇는 직선이 그림 (3)처럼 원의 중심에서 많이 벗어나 있다. 이것은 보통의 참과 이지러짐이 아니다. 보통의 참과 이지러짐 이외에 달이 이지러져 보이는 것은 월식 때이다. 월식은 지구의 둥근 그림자가 달 면에 떨어지는 현상이다. 이것은 태양—지구—달이 일직선상에 나란히 있을 때밖에 일어나지 않는다. 이때 지구에서 달이 빛나고 있는 절반을 정면에서 보기 때문에 이것은 만월 때, 요컨대 15야(보름밤)라는 것이 된다.

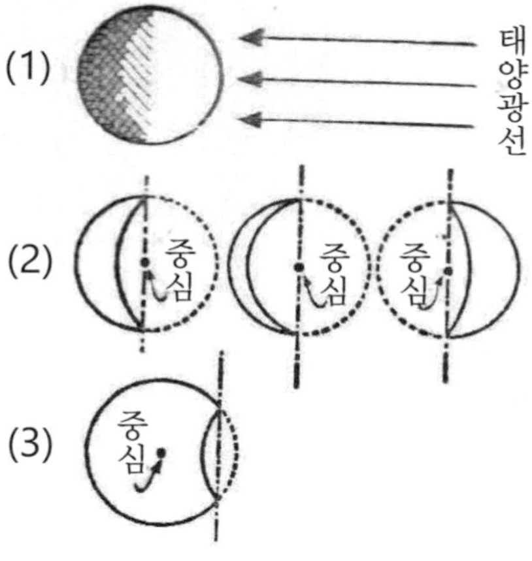

【문제 18】

한 연극 감독이 무대에 서 있는 배우를 순간적으로 사라지게 하고 싶다고 생각하고 여러 가지 궁리를 하고 있다가 갑자기 무릎을 탁 쳤다.

"검은 스포트라이트를 비쳐!"

이 감독이 생각해 낸 것이 과연 실현 가능한 것일까?

【해답】 할 수 없다.

빨간빛, 파란빛이라는 것은 누구나가 한 번 본 적이 있는 것이다. 그러나 검은 빛이라는 것을 지금까지 본 적이 있는가? 도대체 검은 빛이라는 것이 정말 존재하는 것일까? 이 점을 우선 의심해 보아야 할 것이다.

빛은 음파처럼 파장을 수반하고 있다. 그 파장에 의해서 적이라든지 청이라는 색의 차이가 나오는 것인데, 우리들이 보통 볼 수 있는 빛, 요컨대 가시광선은 넓은 의미의 빛 중에서 겨우 일부분에 불과하다. 적외선이나 자외선은 볼 수 없다.

그런데 우리들이 보통 흑이라고 보고 있는 것은 실은 「빛이 없다.」라고 하는 상태이다. 때문에 「검은 빛」 같은 것은 있을 리가 없다. 그림물감 등의 청·적·황은 3원색이며, 이 세 가지 색의 그림물감이 서로 겹쳐지면 모든 색의 빛을 흡수해서 반사하는 빛이 없다. 요컨대 흑이 되어버리는 것이다. 이에 대해서 빛의 경우는 예를 들어서 적·녹·청 세 개의 빛이 겹쳐지면 모든 색의 빛을 포함하는 것이 되며 이른바 백색광이 된다.

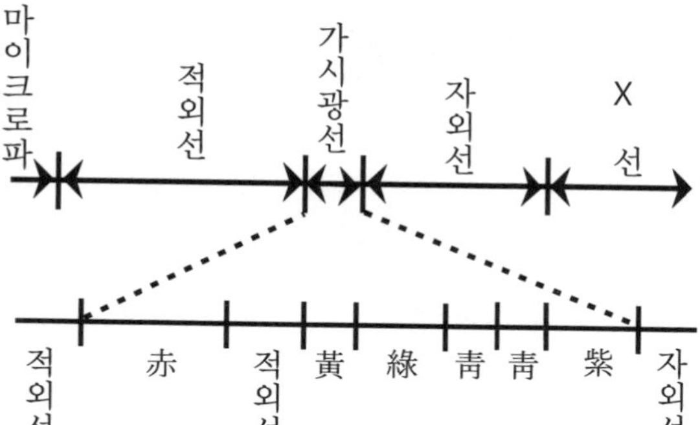

【문제 19】

이것은 서기 20XX년의 미래 공상 이야기.

"요즘 지구에서 달로 가는 이주자가 자꾸만 늘어나서 그에 수반하여 달과 지구 사이에 무역도 증가 일로에 있다. 그런데 달의 중력은 지구의 불과 6분의 1밖에 안되고 거래의 정확을 기해서 「혹성 간 계량위원회」는 그림과 같은 중량 표시법을 제정했다. 일간 이 표시법에 의한 저울이 선을 보이게 될 것이다. 위원회는 특히 혹성 간 공항의 세관에 우선적으로 배포하고 싶은 의향이다."

그림 속에 잘못된 것은 없는가?

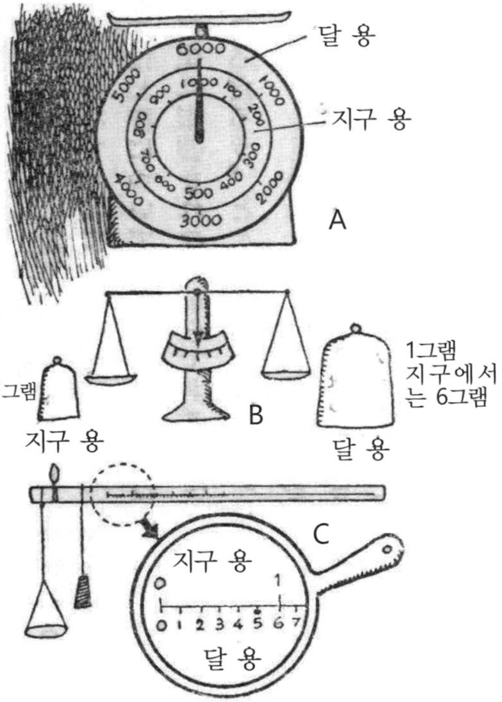

【해답】 B, C에 잘못된 점이 있다.

달 면에서의 중력은 지구의 6분의 1이라 알고 있으니까, 그렇다고 해서 단순히 저울의 눈금을 그 비율로 표시해도 되는 것일까 다시 한 번 의심해 보기 바란다.

A의 용수철저울에 대해서는 문제는 없다. 용수철의 「탄성」 요컨대 신축하는 성질은 중력의 변화에 영향을 받지 않기 때문이다. 다만 접시에 가해지는 힘이 변하기 때문에 제로는 다시 합할 필요가 있을 것이다. 그런데 B에서 천평의 분동, C의 대저울은 지구의 것을 그대로 사용할 수 있는 것이다.

지구상에서 균형이 잡히고 있던 위 그림과 같은 천평의 경우 이것을 그대로 달로 가지고 가도 물건에 가해지는 힘이 6분의 1이라면 분동에 가해지는 힘도 6분의 1이며 균형이 잡힌다. 때문에 B와 같은 6배 무거운 분동을 사용하는 것은 잘못이다. C도 같은 이유로 잘못이다. 천평은 그런 종류에 따라서 원리가 다르다. 고무, 스프링, 유압, 분동 등 중력이 변하면 어떻게 변하는가를 생각해 보자.

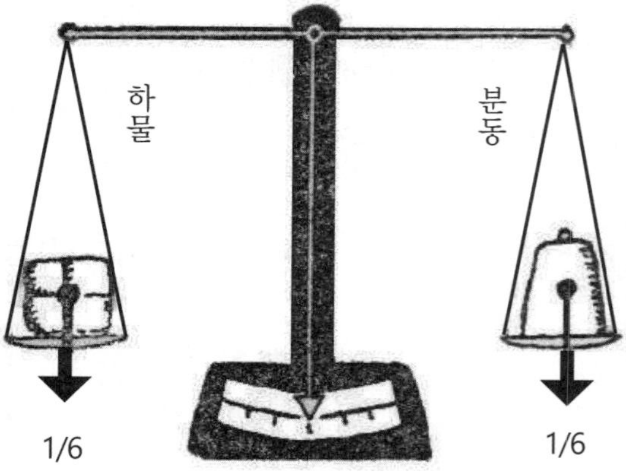

【문제 20】

다음의 논리에 모순된 점은 없는가?

"일본 뇌염이나 홍역의 원인인 바이러스는 생물이라고도 무생물이라고도 할 수 없는 것이다. 증식하는 것은 보통 무생물로는 볼 수 없는 성질이지만 일정한 화학조직을 갖는 한 결정으로 보통의 생물과는 상당히 동떨어져 있다. 그리고 바이러스 그 자체의 힘으로 자양분을 섭취하여 사용하고, 살아갈 수가 없다.

그래서 바이러스는 생물체 밖에서는 혼자서 생활해 나갈 수 없다. 이와 같이 바이러스는 생물과 무생물 사이의 것이라 생각할 수 있기 때문에 아메바와 같은 대단히 단순한 생명보다 더욱 전에 출현한 소위 지구상의 생물 발생의 과정에서 생물과 무생물의 교두보의 역할을 한 것이라 생각할 수 있다."

【해답】 모순이 있다.

만약 생물의 발생 이전에 바이러스만 있던 시기가 있다고 하면 다른 산 세포가 없으면 증식할 수 없다는 바이러스는 어떻게 증식한 것일까. 이 점에 모순이 있다.

이 모순이 있기 때문에 바이러스는 원래 더욱 고등생물이었는데 다른 생물에 기생하고 있는 사이에 아무것도 하지 않고 살아갈 수 있기 때문에 차츰 게을러져서 하등생물로 퇴화되어 버렸다. 이른바 「원생물」이라 해석되고 있다. 물론 이것만이 유일한 학설은 아니고, 문제의 글의 「교두보 생물」이라 해석하는 설도 있다.

생물은 무생물에서 어떻게 해서 생겼는가, 무생물이 우선 바이러스가 되었는가, 아니면 생물이 바이러스로 퇴화되었는가? 직접적인 실험에서는 현재로서 확인할 수 없는 점에 문제의 알기 어려움이 있다. 지구 생성의 원인 학설, 인류 발생의 학설 등도 실제로 지구를 창성하기도 하고, 인류를 발생시키기도 하여 확인할 수는 없다.

직접 실험에서 확인할 수 없는 학설은 우리들이 지금 가지고 있는 데이터나 사실에 비추어서 어긋남이 없는 것이 중요하며 새 사실의 발견에 따라서 학설은 다시 시험하여 진실에 접근해 가는 것이다.

<이 장의 정리>

「의심스러우면 벌할 수 없다.」—증거 없이는 단정하지 않는다. 이 재판 원칙이 많은 사람을 억울한 죄에서 구원하는데, 과학의 세계에서는 이 원칙은 통용되지 않는다. 방사선을 최소한 얼마나 쐬면 인체에 피해가 나타나는가? 이 최소량의 증거는 없다. 약간이라면 뭐 괜찮겠지, 라고 하여 「허용 한도」를 정한다. 그러나 이것은 인간과의 관계에 불과하다. 인간은 대지나 대기 속에 있는 미량의 방사성 물질이 나오는 방사선을 받고 지내고 있다. 때문에 약간의 인공 방사선은 쐬어도 괜찮겠지, 라는 것은 있을 수 없다. 사실은 인공 방사선의 「한도」는 제로여야 한다. 오히려 「의심스러운 것은 허용할 수 없다.」고 해야 할 것이다. 이 정신을 잊어버리면 대단한 결과를 초래하게 된다.

「의심스러운 것은 허용할 수 없다」는 「의심스러운 것을 추궁한다」로 통한다. 이 정신이 오늘의 과학을 낳게 한 것이다. 그것은 과학자의 독점물이 아니다. 인간 누구나 그런 능력이 있다. 일상생활 속에서도 그것을 실천하고 있다. 밀실에 둔 사과를 깨물어 먹은 자리가 있다. 누구의 짓일까? 당신은 추궁하기 시작한다. 어린아이의 이 자국이 아니다. 쥐의 짓인 것 같다. 그러나 확실하지 않다. 쥐는 어떻게 밀실로 들어왔을까? 출입구라 여겨지는 구멍 하나를 발견한다. 구멍을 막고 사과를 밀실에 둔다. 피해는 없어졌다. 당신이 좀 더 집념 깊다면 구멍을 열어둔 채로 하고 실내에 사과든, 쥐가 더 좋아하는 먹을 것을 둔다. 끈기 있게 기다리면 구멍에서 쥐가 나올지도 모른다. 어쩌면 근처의 병원을 탈출한 모르모토가 나타날지도 모른다.

당신은 이와 같이 「의심」에서 출발하여 목적을 정하고 「의심스러운 것을 추궁한다.」 이것은 과학자가 하는 것과 다를 바 없다. 이 경우, 당신은 사과를 깨물어 먹은 자국에서 「범인」이 사람이 아니라 쥐일지도 모른다고 상상할 정도의 지식은 활용해야 한다. 또 그 상상에 자신을 가질 수 없다면 책에서 조사하거나 따로 잡을 쥐에게 깨물어 보게 하는 방법을 취해야 한다. 그러나 또 추궁하는 도중에 당신은 사실 속에서 새로운 지식을 입수하게 될 것이다. 만약 모르모트가 나타난다면 당신은 처음의 예상이 한쪽으로 치우쳤다는 것을 반성하게 될 것이다. 그러나 예상하지 않았던 결과도 「발견」하게 될 것이다. 「의심하는 것」은 추리하고 확인하려고 하는 계기를 주는 점에서 중요한 의미를 갖는다. 다음 장에서는 그 「추리하는 것」에 대해서 생각해 보자.

PART 2. 추리하는 것

"확실히 뭔가 있을 것이다!"

— 마리 큐리(Marie Curie)

<이 장의 목적>

한 중학생이 물이 든 비커를 저울에 올려놓고 그 물에 나뭇조각을 띄웠더니 저울 바늘은 비커와 나뭇조각의 무게를 가한 중량이 되지 않고 나뭇조각이 받는 부력만 뺀 중량이 되는 게 아닐까 하는 그럴싸한 의문이 나왔다.

이 문제를 추리하는 키는 무게는 물체에서 떠나지 않는 성질로 물체가 없어지지 않는 한 무게는 없어지지 않는 것이다. 이것은 그와 같은 형태로 배우지 않아도 우리들의 일상생활에서 실감하여 파악한 상식이다. 때문에 문제에 직면하면 무의식중에 문제를 푸는 키로서 그 상식을 사용하고 있다.

이 장에서는 이와 같이 당신의 머릿속에 당신 자신은 확실히 깨닫지 못해도 어느 새 뿌리를 내리고 있는 상식적인 원리를 사용해서 추리하는 퍼즐이 있다. 풀어 가는 동안에 당신의 상식이 분명하게 의식되고 좀 더 응용 범위가 넓은 「원리」의 모습을 파악할 수 있게 될 것이다.

【문제 1】

그림과 같이 밀폐된 큰 유리병 속에서 새가 날고 있다. 새가 병 밑바닥에 떨어지면 저울의 눈금은 어떻게 되겠는가?

【해답】 변하지 않는다.

하늘을 나는 새를 생각해 보자. 새의 체중은 공기가 지탱하고 있다. 그러면 그 하늘에 가해진 체중은 어디로 가는 것일까. 이와 같이 눈에 보이지 않는 것, 측정할 수 없는 것은 우선 추리에 의해서 해명할 것을 생각하자. 결국 새도 벌도 헬리콥터도 지면이 그 무게를 지탱하고 있다고밖에 생각할 수가 없다. 거대한 비행기의 중량도 우리들의 몸이나 광대한 지면이나 많은 지붕이 지탱하고 있게 되는 것이다. 그것이 넓은 면적에 분산되기 때문에 우리들에게 느낄 수 없을 뿐이다.

새장 안에서 날아오른 새라면 공기가 바깥과 서로 교류되고 있기 때문에 그 공기를 통해서 새장 이외의 부분에도 새의 중량은 압력으로서 가해지게 된다. 그러나 밀폐된 병 속에서는 이 병 이외의 어디에도 새의 중량은 분산되지 않는다. 요컨대 날아오른 새의 중량은 모두 병에 가해지게 된다.

그래서 새가 병 밑바닥에 내려 있든 날아오르든 병 전체의 무게는 변하지 않는다고 말할 수 있다. 아주 작은 환기통이라도 있으면 무게가 약간 변하게 되는 것이다. 병 자체는 밖에 대해서 전혀 힘을 가할 수 없으므로 전체의 중량은 변할 수가 없다고 할 수 있다.

【문제 2】

그림과 같이 지구의 중심을 지나는 터널을 팠다고 하자. 이 터널의 한쪽 입구에서 돌을 떨어뜨린다면 돌은 어떤 운동을 하겠는가? 단, 공기의 저항이나 지열의 영향은 없다고 간주한다. (단, 서울과 부에노스아이레스는 지구 양 끝에 있는 도시라고 가정한다)

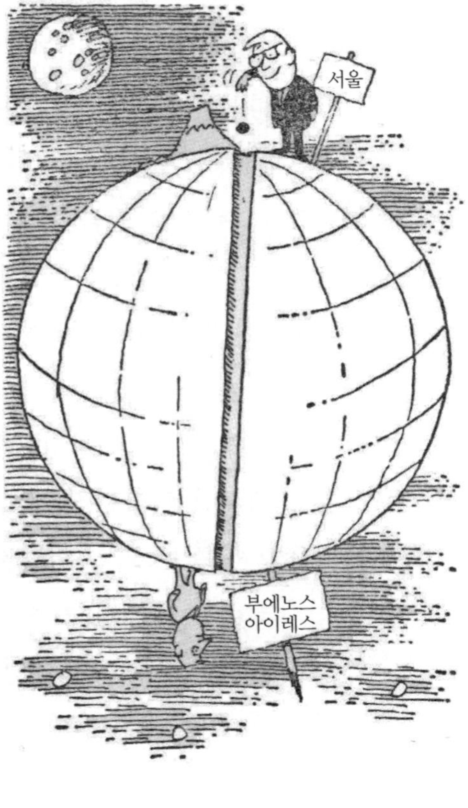

【해답】 터널 속에서 서울―부에노스아이레스 간의 왕복을 시작한다.

지구의 터널에 정신을 빼앗기지 말고 떨어지기 시작한 지점에서 돌을 쫓아가 보자. 처음에는 우물에 돌을 떨어뜨렸을 때처럼 차츰 속도가 증가해서 떨어져 간다. 그런데 지구의 중심을 지나면 이번에는「떨어지고 있는 것」이 아니라「올라가고 있는 것」이 된다. 떨어지고 있을 때 얻은 속도는 올라가는 동안에 감소되고 출구에서는 속도 제로가 되어 돌은 정지한다. 거기서부터는 다시 처음과 같은 현상이 반대방향으로 행해지게 된다.

지금 이와 같은 터널을 지나서 서울―부에노스아이레스 간을 항행하는 탈것을 생각했다고 하면 전혀 연료 없이 약 40분에 두 곳을 연결할 수 있다는 계산이 된다. 연료가 필요 없이 틀림없이 싼 운임이 될 것이다. 그러나 이 탈것에도 큰 결점이 있다. 목적지에 도착했을 때는 물구나무 하고 있지 않으면 안될 것이다. 또 여기에는 일단 무시하고 생각한 공기의 저항이 역시 큰 문제이다. 우주선이 대기권에 돌입하면 선체의 표면은 마찰열로 몇 백도가 되고 타서 떨어지게 된다는 것은 이미 알려져 있다. 또 공기의 저항에 의해서 낙하·상승하는 거리가 차츰 줄어들게 되고 결국에는 지구 중심부에 떨어지게 된다는 것도 생각할 수 있다. 현실로는 지구의 내부를 빠져 나간다는 것은 좀 무리이지만…….

【문제 3】

화장실의 거울 앞에 섰더니 거울 속에서 자신의 키의 꼭 절반밖에 볼 수 없었다. 전신을 비치고 싶은데 현재의 거울에서 몇 배의 거리까지 떨어지면 되겠는가?

【해답】 몇 배 후퇴해도 전신을 한 번에 볼 수는 없다.

전신을 한 번에 비치려면 거울의 높이는 얼마나 있으면 되겠는가.

우선, 그림 (1)처럼 머리끝에서 나와 거울에서 반사하여 눈에 꼭 들어오는 광선, 발끝에서 나와 거울에 반사하여 눈에 꼭 들어오는 광선을 생각한다. 그러면 그림 (1)처럼 눈에서 위의 절반의 길이와 눈에서 아래의 절반의 길이의 거울이 있으면 된다는 것을 알 수 있다. 이 두 가지를 합해서 전 신장의 절반되는 길이의 거울이 있으면 된다는 것이다.

이것으로도 알 수 있듯이, 한 번에 비칠 수 있는 범위는 거울의 높이에만 관계되는 것이지 거울에서 사람까지의 거리와는 관계가 없다. 때문에 아무리 후퇴해도, 전진해도 비치는 범위는 변하지 않는다.

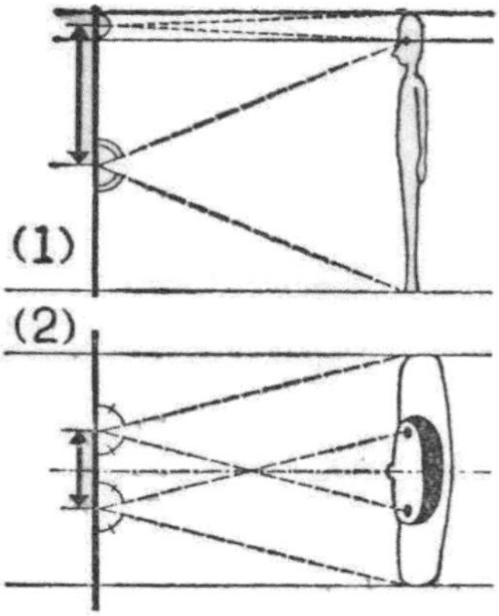

그러면 거울의 가로 폭은 어떤가. 몸의 폭의 절반이 아니다. 눈은 수평으로 두 개 있으니까 반드시 두 눈으로 동시에 보이지 않아도 된다고 한다면 그림 (2)처럼 되고 절반보다 적어도 된다.

【문제 4】

실패의 실을 조금 풀어서 평탄한 책상 위에서 그림의 화살표 방향으로 당기면 실패는 A, B 어느 방향으로 굴러가겠는가? 실제로 시험해 보기 전에 추리에 의해서 결론은 내기 바란다. 또 실패는 책상 위를 미끄러지지 않는다고 간주한다.

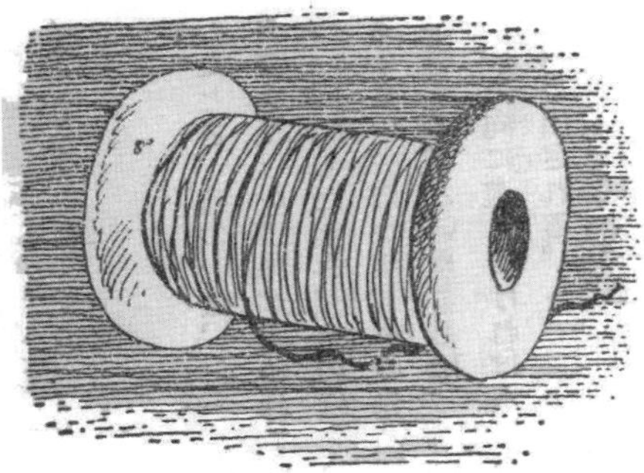

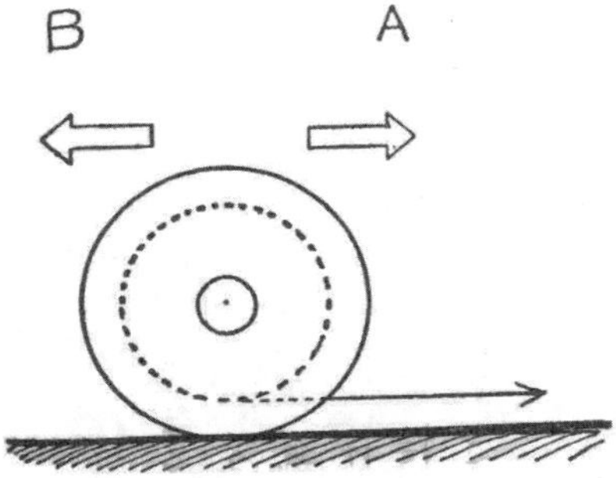

【해답】 A 방향으로 구른다.

B 방향으로 실패를 굴렸을 때 실 끝은 어느 방향으로 이동할 것인가를 생각해 본다. 실패의 책상과 접해 있는 굴레의 크기 쪽이 작기 때문에 실패가 B 방향으로 1회전했을 때 실이 풀려가는 길이는 실패가 책상 위를 굴러서 이동하는 거리보다 작다. 때문에 실 끝은 이 두 개의 굴레의 원주의 차만큼 B 방향으로 이동한다. 다시 말해서 실 끝이 A 방향으로 나아가기 위해서는 실패는 A 방향으로 나아가야 한다는 것이다. 여기서 이 문제의 결론을 내릴 수 있다.

실험을 해 보면 곧 알 수 있다. 실패가 아니라도 중간까지 감겨져 있는 테이프 레코더의 릴이나 8밀리미터 필름의 릴이라도 상관없다.

그러면 이와 관련해서 실험의 연습문제를 내두자. 자전거의 페달을 아래에 두고 페달에 실을 매고 뒤로 끌면 어떻게 되겠는가?

【문제 5】

다음의 추론은 옳은 것일까?

“수면 밑으로 잠수하면 약 10미터에 대해서 1기압씩 수압이 올라간다. 예를 들면, 100미터의 물속에서는 100미터분의 물의 무게와 해면상의 대기압을 받아서 11기압의 압력이 가해진다. 1제곱미터에 대해서 약 100톤이다. 때문에 해저의 배를 끌어올리는 샐비지(salvage) 작업은 배의 무게와 함께 이 수압에 이기기 위해서 막대한 힘을 필요로 하는 것이다.”

【해답】 옳지 않다.

분명히 1평방미터에 대해서 100톤 상당의 압력이 가해지는 것은 틀림없지만, 그렇다고 해서 배의 중량에 그것이 가해지지는 않는다.

왜냐하면 물 밑의 배에 가해지는 압력은 상하 좌우 온갖 방향에서 가해지기 때문에 서로 부정해 버린다. 때문에 이 압력이 배의 중량에 가산되어 그 몫만큼 무거워진다는 것은 있을 수 없는 것이다. 샐비지에 필요한 힘은 로프의 무게와 선체의 중량의 합계에서 선체와 로프가 물에 잠겨있는 부분의 부피의 합계에 상당하는 물의 양을 뺀 것이다.

수압이라는 말은 익히 쓰고 있지만, 정확히 파악하지 않으면 터무니없는 오해에 빠져들게 된다. 공기 중에서 안의 압력이 낮은 함석깡통이 움푹 패는 것은 공기의 압력으로 인한 것인데, 그 압력이 가해지고 있는 지상의 것을 들어 올릴 때 공기의 압력분만큼 힘이 필요한 것은 아니다. 샐비지 작업에서도 선체의 중량은 바닷물 속에 있는 동안은 지상에서 들어올리기보다 오히려 부력에 의해서 가벼워져 있다고 하여야 한다.

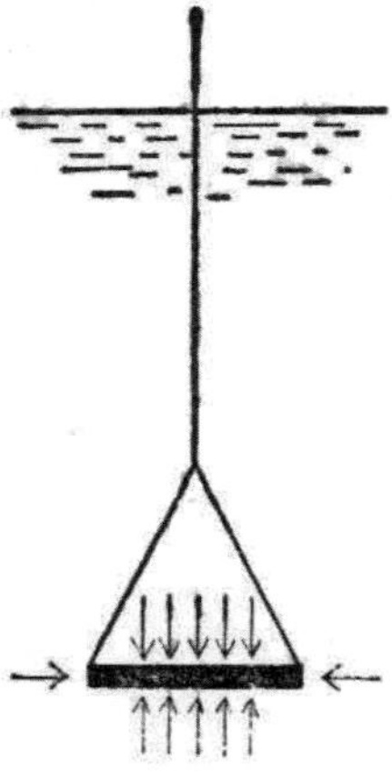

【문제 6】

반짝반짝 빛나는 바느질 바늘을 수백 개 바늘 끝을 가지런히 하여 한데 묶어서 이것을 위에서 내려다보면 다발의 중심은 새까맣게 보인다. 왜 그럴까?

【해답】 빛이 거의 반사해 돌아오지 않기 때문이다.

하나의 바느질 바늘은 잘 빛나고 있지만 설사 90% 빛을 반사해도 한데 묶은 것은 선단 부근에서 반사한 빛도 그림 (1)처럼 안쪽으로 잇따라 반사되는 사이에 흡수되어서 눈에까지 돌아오지 않는다. 빛이 돌아오지 않으면 검게 보인다.

방음실이라 해서 소리가 반사되어 돌아오지 않는, 요컨대 반향이 없는 방을 만들기 위해서는 흡음률이 높은 판자로 둘러싸면 되겠지만, 소리의 주파수에 따라서는 좀처럼 좋은 흡음 재료가 없다. 그래서 그림 (2)처럼 뾰족한 흡음재를 벽에서 튀어나오도록 하면 약간은 재료의 흡음률이 나빠도 되돌아오는 소리가 거의 없고 대부분 흡음되어 버리기 때문에 좋은 방음실이 된다.

(1)

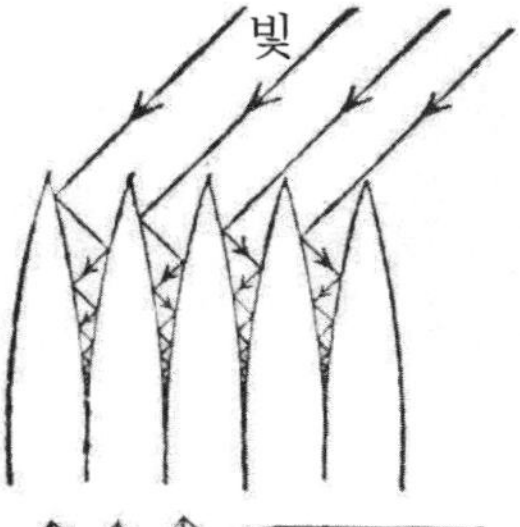

(2)

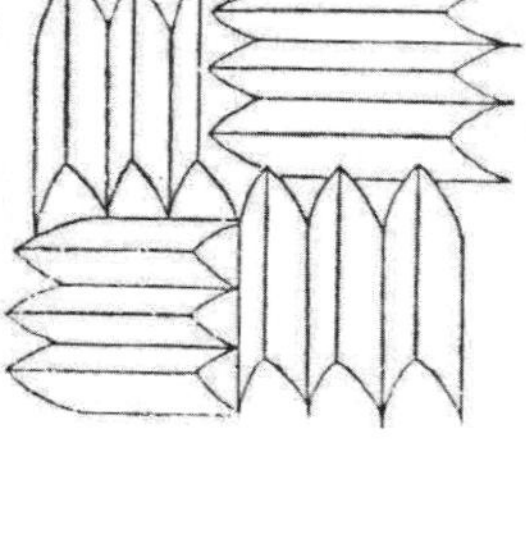

방음실벽

이 방에서 큰 소리를 내도 반향이 없기 때문에 방 안에 있다기보다 오히려 들 한복판에서 큰 소리를 내고 있는 것 같은 느낌이 든다.

이 흡음장치도 바늘을 한데 묶은 것이 검게 보이는 것과 같은 원리이다.

【문제 7】

모형 요트를 만들었는데 바람이 없어서 움직이지 않는다. 그래서 요트에 선풍기를 싣고 닻에 바람을 보내기로 했다. 과연 요트가 움직이겠는가?

【해답】 움직인다. 다만 진행시키려고 생각한 방향과는 반대(그림 오른쪽 방향) 방향으로 움직인다.

돛에는 바람이 불지 않으니까 왼쪽 방향으로 힘을 받는다. 그림 (1)처럼 육상으로부터 바람이 불면 요트는 왼쪽 방향으로 나아간다. 이 문제의 경우는 육지에서 바람이 부는 경우과 어떻게 다를 것인가. 요트에 선풍기를 싣고 있는 것이다. 그러면 돛이 없는 요트에 선풍기만을 싣고 돌리면 어떻게 될 것인가. 그림 (2)에서 선풍기가 왼쪽으로 바람을 보내면 요트는 오른쪽 방향으로 나아가게 된다. 이것은 비행기의 프러펠러의 원리와 같고 실제로 그림 (2)의 원리로 달리는 프로펠러선이라는 것이다.

그런데 이 그림 (1), 그림 (2)를 합병한 것이 이 문제이다. 그러면 요트는 왼쪽 방향과 오른쪽 방향 양쪽으로 당겨지게 된다. 그림 (2)의 경우, 선풍기가 공기를 보내서 낳게 되는 힘은 그대로 거의 전부가 요트에 전해진다. 그런데 그림 (1)의 경우, 선풍기가 낳는 힘은 그대로 직접적이 아니라 바람에 의해서 요트의 돛으로 전해진다. 바람은 퍼지게 되니까 돛이 이 바람 전부를 받아낸다는 것은 거의 불가능하다. 때문에 오른쪽 방향의 힘이 이기고 요트는 오른쪽 방향으로 나아가게 된다.

(1)

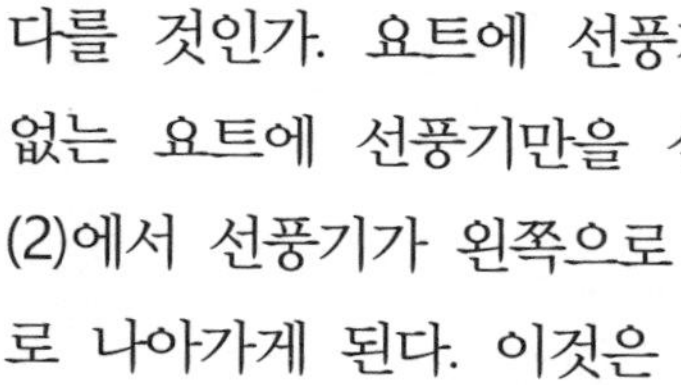

(2)

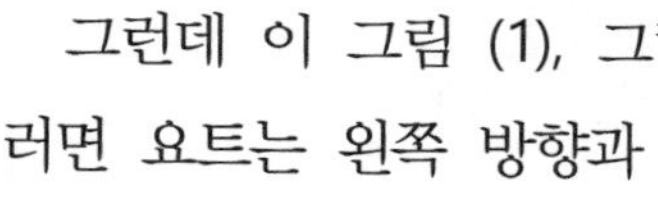

【문제 8】

플라스틱 모델의 자동차 A가 수평 테이블 위를 달려와서 끝 쪽에서 무서운 기세로 날아가 떨어졌다. A가 날아가자 동시에 그때까지 정지해 있던 자동차 B가 툭 떨어졌다. A, B 어느 쪽이 먼저 바닥에 닿겠는가?

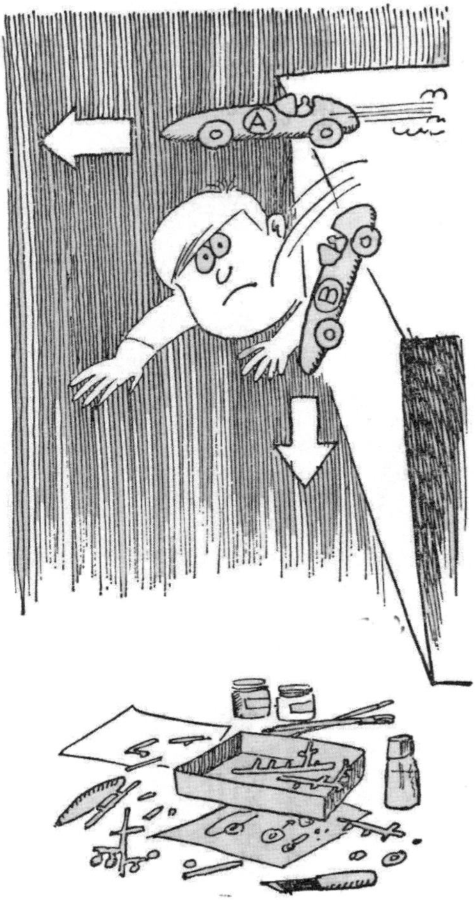

【해답】 똑같다.

우선 떨어진다는 것은 어떤 것인가를 생각한다. 그것은 아래로 향한 지구의 인력으로 일어나는 운동이다. 수평으로 뛰어내린 A도 툭 떨어진 B도 떨어지기 시작하는 순간에는 어느 쪽이나 아래를 향한 속도를 전혀 가지고 있지 않다.

요컨대 아래로 향한 운동에 대해서는 A도 B도 조건이 같은 것이다. A가 가지고 있는 수평 방향의 속도는 아래로 향한 운동에 대해서 영향을 미칠 수가 없는 것이다. 그래서 바닥까지의 수직 거리가 같다면 동시에 바닥에 떨어진다는 결론이 나온다.

양쪽의 운동을 스트로보스코프라는 특수장치를 사용해서 촬영하면 이 관계를 잘 알 수 있다. 아래 그림은 이 관계를 나타낸 것이다. 다만, A는 아래로 향한 속도는 B와 같지만, 운동하고 있는 방향에 대한 속도는 B보다 크기 때문에 공기의 저항을 생각하면 B보다 약간 시간이 걸린다고 할 수 있다. 대포의 탄환이 날아가는 순서의 계산 등에는 공기 저항은 상당히 중요한 요소이다.

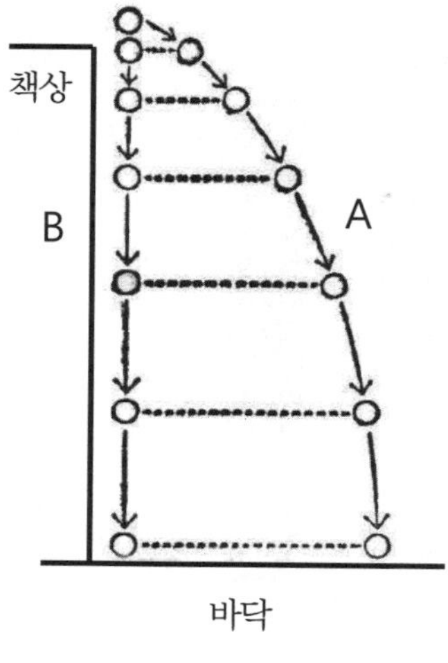

【문제 9】

다음 그림은 오이넝쿨의 그림이다. 화살표가 있는 곳에서 넝쿨은 일단 되돌아 감기고 있다. 왜 그럴까?

【해답】 위 그림과 같이 뻗어 있던 넝쿨이 줄기를 지주로 끌어 당기기 위해서 오므라들기 때문에.

오이넝쿨이 왼쪽감기라든가 오른쪽감기라고 일컫지 않는 것은 이 되감는 점이 있기 때문이며 되감는 점이 생긴 이유는 아래 그림을 보면 알 수 있다. 요컨대 넝쿨은 처음부터 말려있던 것은 아니고 줄기를 지탱하는 것을 찾아서 수염 모양의 넝쿨이 뻗는다. 뻗은 넝쿨이 지주를 찾으면 휘감기면서 줄기를 지주로 끌어 당긴다. 끌어당기기 위해서는 넝쿨이 오므라들어야 한다.

그 때문에 넝쿨은 휘감긴 곳에서 칭칭 감기 시작하는데, 최초에 양 끝이 고정되어 있기 때문에 이대로 계속 감기면 넝쿨은 비뚤어져 버린다. 그래서 도중에서 반대로 감게 되는 것이다.

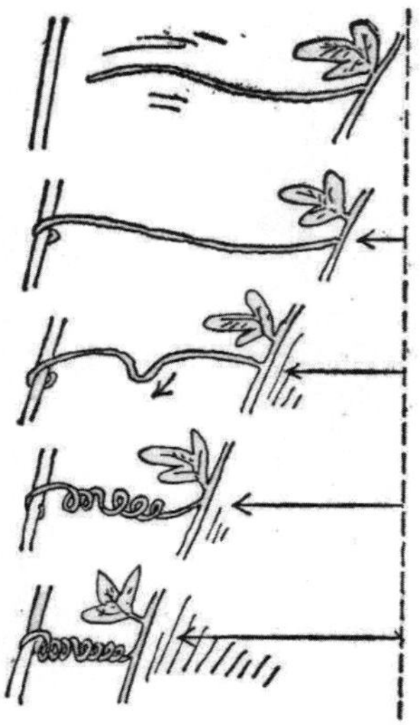

또 이 되감는 점이 있기 때문에 당겨졌을 때 넝쿨이 생겼을 때와 반대 방향으로 풀려 가서 넝쿨에 무리가 가지 않는다.

전화의 송수화기와 본체를 연결하는 코드에도 이 원리가 응용된 것이 있다.

【문제 10】

정사면체의 주사위를 만들어서 4면에 적・청・녹・황색을 각각 칠하면 몇 종류의 주사위를 생각할 수 있을까? 보통의 주사위로 1부터 6까지의 눈을 자유로 붙인다면 30종류의 주사위를 만들 수 있다.

또 1960년경 프랑스의 화학자 파스퇴르(Louis Pasteur)도 그의 연구의 과정에서 이와 똑같은 문제에 직면하여 그것이 새로운 발견의 계기가 되었다.

【해답】 두 종류.

언뜻 보기에 어떻게 생각하면 좋을지 알 수 없는 문제이지만, 추리 방법을 잠깐 궁리하면 매우 생각하기 쉬워진다. 정사면체의 하나의 면에 우선 빨간색을 칠해 본다. 하나의 면이 빨갛기만 한 정사면체는 몇 개 만들어도 한 종류이다. 이 면을 아래로 하여 놓아본다. 그림에서는 A의 면이 빨간색이다. 여기서 남은 세 개의 면 중 하나에 파란색을 칠해본다. 그러나 어디에 칠해도 정사면체를 놓은 채 뱅뱅 돌려서 앞에 파란색이 오도록 놓아보면 모두가 바닥 면이 빨간색이고 앞이 파란색으로 같은 것이다. 그림에서는 B가 파란색이다. 그런데 나머지 두 개의 면을 녹색과 노란색으로 칠하는 것인데 그림 C가 녹색, D가 노란색인 경우와 C가 노란색, D가 녹색인 경우와 두 가지밖에 없다.

탄소라는 원소에는 결합하는 방법이 4가지 있고 그 방법의 방향이 정사면체의 중심에 탄소원자를 놓았을 때의 정점의 방향이 된다. 그 4개의 방법에 모두 다른 원자가 연결되면 빛에 대한 성질이 다른 두 종류의 물질이 생긴다. 이 두 종류를 지금 생각한 주사위의 칠하기로 설명할 수 있는 것이다. 빛에 대해서 변하는 이 성질을 「광학활성」이라 하고 파스퇴르가 발견한 것이다.

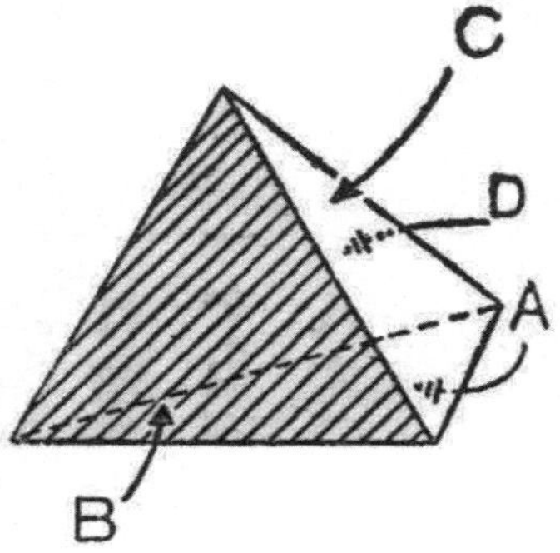

【문제 11】

식물의 줄기에는 중력의 반대방향으로 생장한다고 하는 성질이 있다. 때문에 거꾸로 해도 기울여도 위를 향해 뻗어 나간다. 그러면 싹이 약간 나왔을 때 화분을 그림과 같이 받치고 천천히 1시간에 1회전 정도의 속도로 회전시키면 그 싹은 어떻게 뻗어 나가겠는가?

【해답】 그림 (1)처럼 수평으로 뻗는다.

우선 식물을 수평으로 지탱한 채로 뻗쳐 보면 그림 (2)처럼 수평으로 뻗으면서 차츰 위로 향하는 곡선을 만든다. 그러나 최초의 얼마 안 되는 부분은 거의 수평이다. 그 얼마 안 되는 부분이 끝날 때쯤 화분을 180도 회전시키면 어떻게 될까? 이번에는 반대방향의 곡선을 그리듯이 뻗으려고 한다. 그러나 이것도 뻗으려고 하는 최초의 부분은 거의 수평이다. 이와 같이 끊임없이 아래 위를 계속 변화시키고 있으면 계속 수평으로 뻗게 된다.

식물의 이 성질을 이용하면 그림 (3)처럼 접시 위의 풀을 중심부는 곧장, 주변의 부분은 안쪽으로 향해 자라게 할 수도 있다. 이것은 레코드플레이어 등의 위에 접시를 놓고 계속 돌리고 있으면 되는 것이다. 이렇게 하면 주변 부분에서는 상당한 원심력이 작용하여 그림 (4)처럼 식물은 중력과 원심력이 합성된 힘의 방향과 반대방향으로 뻗기 때문이다.

(1)
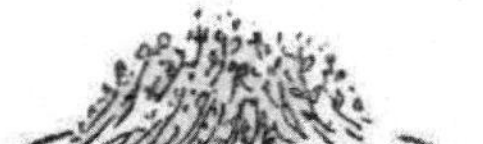

(2)
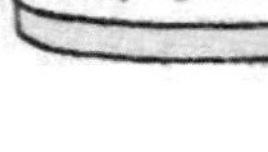

(3)

(4)

【문제 12】

만약 그림과 같이 지구의 내부를 도려내서 큰 구멍이 뚫렸다고 하면 그 내벽에 사람이 발로 설 수 있겠는가? 지구의 자전이나 다른 천체의 영향은 생각하지 않기로 한다. 구각상(球殼狀)의 지구의 만유인력만을 생각하기 바란다.

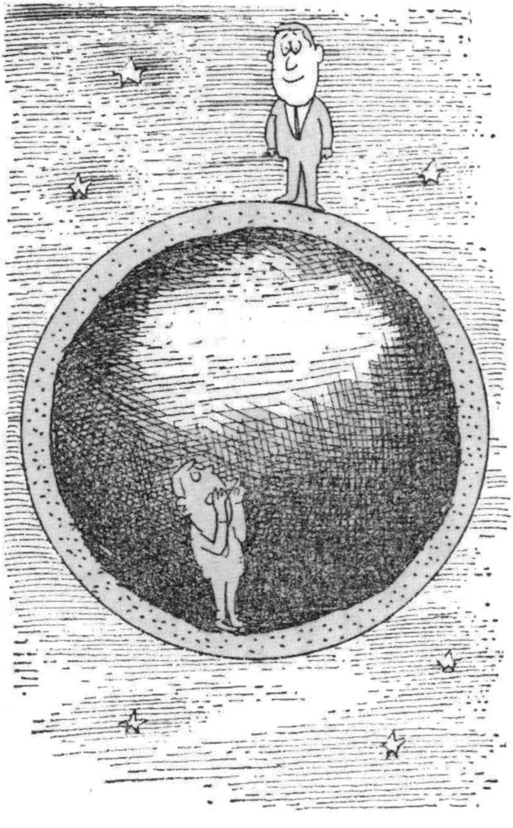

【해답】설 수 없다.

만유인력은 무거운 것, 가까운 것일수록 크게 작용한다. 때문에 만약 P에 사람이 있다고 하면 그림 A의 부분에서 a의 방향으로, B의 부분에서 b의 방향으로 끌린다. 물론 A쪽이 B보다 무겁지만 거리는 A쪽이 B보다 멀다. 그래서 양쪽의 인력이 서로 부정하게 되어 인력을 느끼지 않게 된다. 이 경우, 물론 지구의 두께와 밀도가 균일하다는 생각 하에서이다.

이와 같은 구각(球殼) 내에서는 어디서나 무중량이 된다. 물론 이 구각의 바깥쪽에서는 사람의 한쪽에만 지구가 있기 때문에 구각 방향으로 끌려서 설 수 있게 되는 것이다. 그러나 무중량의 경우에는 서는 것과 같은 자세로서 있을 수 있어도 발로 체중을 지탱한다고 하는 보통 말하는 「서는」 상태와는 다르다.

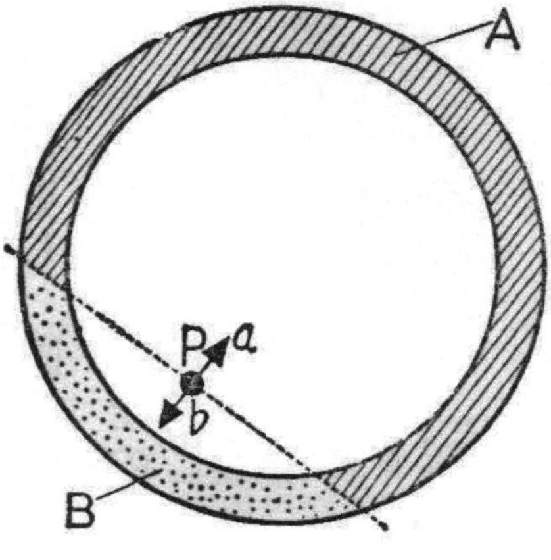

지구의 인력은 모두 지구의 중심을 향하고 있을 것이다, 라고 생각하면 이 문제의 경우, 사람은 공중 한가운데까지 떨어져서 거기서 어중간한 상태로 정지하게 되는 것처럼 생각할 수 있는데, 이것은 잘못이다.

【문제 13】

100도의 끓는 물속에 손을 넣으면 불과 2,3초라도 화상을 입는다. 그러면 150도의 공기 속에 불과 2,3초 손을 넣는다면 어떻게 되겠는가?

【해답】 단지 따뜻하게 느낄 뿐 화상은 입지 않는다.

건조기라든가 오븐 속의 공기가 150도 정도로 되어 있을 때 안에 물건이나 음식을 넣었다 꺼냈다 하기 위해 손을 넣는 경우가 있는데, 그렇다고 화상을 입지는 않는다. 이것은 바깥의 차가운 공기가 손을 넣을 때 손 표면에 붙어 들어가서 막처럼 되어 손을 보호하기 때문이다. 손에 직접 닿고 있는 공기는 금방은 150도로 되지 않는 것이다.

그러나 안에 들어가 있는 접시나 안쪽 벽에 손이 닿으면 당장에 화상을 입는다. 이것은 고체와 고체 사이에는 중간의 공기의 층이 전혀 없기 때문에 열이 곧 전해지기 때문이다. 이와 같은 기체의 층을 「경막(境膜)」이라고 한다. 100도의 뜨거운 물에 손을 넣으면 손 주위의 기체의 막은 뜨거운 물에 밀려서 벗겨지고 만다. 그래서 100도의 뜨거운 물이 직접 손에 닿아서 화상을 입게 되는 것이다.

고온의 기체가 그다지 뜨겁게 느껴지지 않는 좋은 예는 석유스토브가 타고 있을 때 위에서 나오는 기체이다. 석유스토브 위에 손을 쬐고 있는 사람이 많이 있는데, 그가 손을 쬐고 있는 부근의 기체 온도는 150도에서 200도는 될 것이다. 스토브에서 갓 나온 기체는 300도를 넘는 경우도 있고 담배에 불이 붙는다. 물론 이 막도 그렇게 오래 차가운 상태로 있지 않기 때문에 오래 손을 넣은 채로 있을 수는 없다.

【문제 14】

보통 계단의 중앙에 붙어 있는 전등은 계단의 아래 위에 있는 스위치의 어느 것이나 자유로 껐다 켰다 할 수 있게 되어 있다. 어느 날, 두 사람이 계단의 아래 위에서 거의 동시에 켜져 있는 전등을 끄려고 했다. 이 경우 전등은 어떻게 되겠는가?

【해답】 한 순간 꺼졌다가 켜진 채로 있게 된다.

이와 같은 스위치는 일상시 많이 보게 되는데, 어떤 구조로 되어 있을까.

우선 그림 (1)처럼 보통 전등이 켜지는 배선을 생각해 본다. X, Y는 스위치로, 검고 표시가 움직이는 부분이다. 이 상태에서 X, Y 어느 한쪽의 스위치를 움직인다. 그러면 회로는 끊어져서 전등은 꺼진다. 때문에 그림 (1)의 상태에서는 어느 쪽 스위치라도 전등을 끌 수 있다. 그러나 예를 들어서 그림 (2)와 같이 되었다면 이 상태에서 전등이 켜지는 것은 X가 다시 스위치를 본래대로 돌려놓는 것 이외에는 없다. 그러면 그림 (2)의 상태에서 Y를 움직여서 켜기 위해서는 어떻게 하면 될 것인가. 그림 (3)처럼 되는 순간 양쪽의 검은 표시가 연결되는 배선을 생각하면 된다. 그래서 그림 (4)처럼 된다. 때문에 그림 (4)에서 X, Y의 양쪽이 동시에 스위치를 내리면 한 순간 꺼졌다가 그림 (5)와 같이 되고 역시 켜져 있는 상태가 된다.

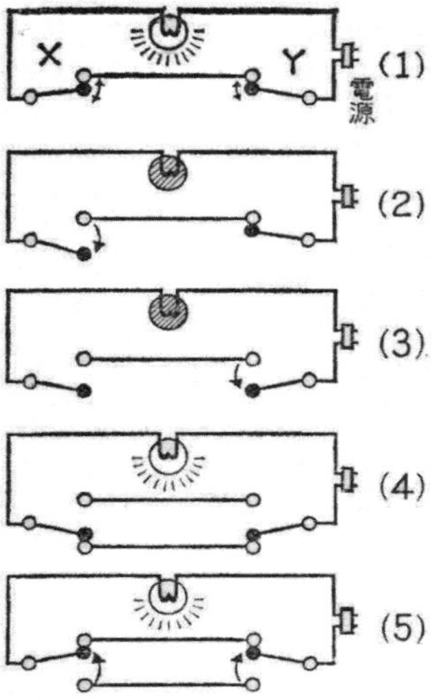

【문제 15】

바퀴가 달린 의자 위에 앉아서 물건을 던지면 의자는 던진 방향과는 반대쪽으로 움직인다. 이 원리를 이용해서 우주 공간에 정지해 있는 우주선을 연료 없이 나아가게 할 수 있는 방법을 생각했다. 그림처럼 우주선 내에 A, B 두 사람이 몸을 고정시킨다. 앞에 있는 A가 뒤에 있는 B에게 물건을 던진다. 그것을 받아낸 B는 A에게 그것을 살짝 돌려준다. 또 A는 B에게 물건을 던진다. 이것을 반복하면 우주선은 A의 뒤쪽 방향으로 나아가기 시작한다고 생각할 수 있다.

그러나 실제로는 이 생각대로는 안 된다. 왜 그럴까?

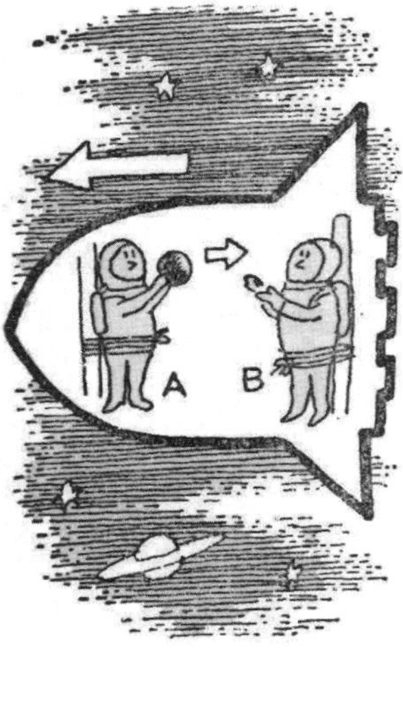

【해답】 살짝 되돌려도 던졌을 때와 같은 만큼 반대방향으로 우주선이 움직이니까 플러스 마이너스 제로가 되어버리기 때문에.

확실히 A가 물건을 던졌을 때 우주선은 전진한다. 던지는 물건이 무겁고 빠를수록 전진의 힘은 강하다. 로켓이 뒤에서 가스를 고속으로 분출하면서 나아가고 있는 것과 같은 이론이다. 이대로라면 우주선은 관성으로 계속 진행하게 되겠지만, 던져진 물체를 B가 받아내면 A가 물건을 던졌을 때 생긴 추진력과 같은 크기로 방향이 반대인 힘이 작용하여 우주선은 정지해버린다. 그리고 받아낸 물체를 B가 A에게 되돌릴 때 아무리 살짝 되돌려도 우주선은 반드시 후퇴하고 A에게로 물체가 돌아갔을 때 우주선도 A가 물체를 던지기 전에 있던 위치에 되돌아가 있는 것이다. 요컨대 살짝 되돌리면 우주선이 움직이는 것은 느리지만, 움직이고 있는 시간은 길다. 빨리 던지면 우주선은 빨리 움직이지만 움직이고 있는 시간은 짧다. 요컨대 어느 쪽도 움직이는 거리가 같아서 우주선은 진행한 거리만큼 다시 원래 위치로 돌아가게 된다. 이런 이야기로는, 예를 들어 17세기 프랑스의 작가 시라노 드 베르쥬락은 《달세계 여행기》라는 소설에서 여러 가지 공상적인 추진력을 생각했다. 그 하나로 자기 추진이라는 것이 있다. 요컨대 철판에 탄 사람이 자석을 던져 올리면, 사람이 탄 철판을 자석이 끌어당긴다. 상승했을 때 다시 자석을 던져 올린다는 것이다. 실행 가능하겠는가?

【문제 16】

한 칸막이가 없는 방안에서 알람시계가 울렸다. 그 방안에는 A, B 두 사람이 있었는데 A는 B보다 시계에서 먼 위치에 앉아 있었다. 그런데 이 알람소리가 B에게는 그다지 신경이 쓰이지 않았는데, A에게는 귀가 멍해질 정도로 강하게 들렸다고 하자. 두 사람의 청력에는 차이가 없었기 때문에 이 현상은 방의 형태와 시계 및 두 사람의 위치에 원인이 있다고 생각할 수 있었다. 도대체 이 방은 어떤 형태를 하고 있었고, 시계와 두 사람의 위치는 어떻게 되어 있었을까?

【해답】 방의 모양은 타원형. 타원형의 두 개의 초점의 한쪽에 시계가 놓여 있고 한쪽에 A가 있었다.

시계 가까이 있던 B보다 멀리 있던 A에게 소리가 크게 들렸다고 하니까 A의 위치에는 소리가 집중했다고 생각해 본다. 시계와 A와의 주위에 시계에서 나온 음파를 거울이 빛을 반사하듯이 A를 향해서 반사되는 벽을 생각하고, 그 벽을 연속 생각해 본다. 그러면 최종적으로는 그림 (1)처럼 타원형이 생긴다. 음원에 가까워도 B에는 음파가 그다지 집중해 오지 않기 때문에 그다지 크게는 들리지 않는 것이다. 또 방 전체가 타원을 입체 방향으로 1회전시킨 달걀과 같은 형태였다고 하면 소리의 집중이 더욱 좋다는 것은 말할 것도 없다.

(1)

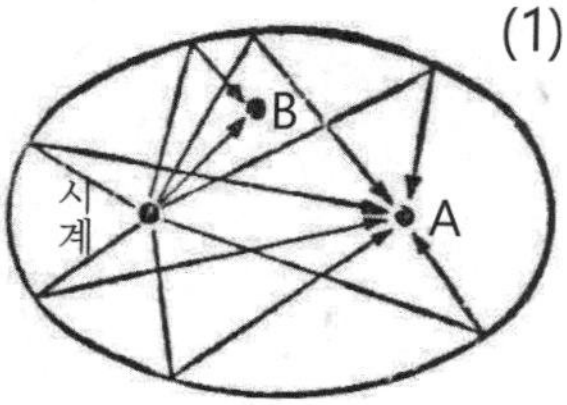

(2)

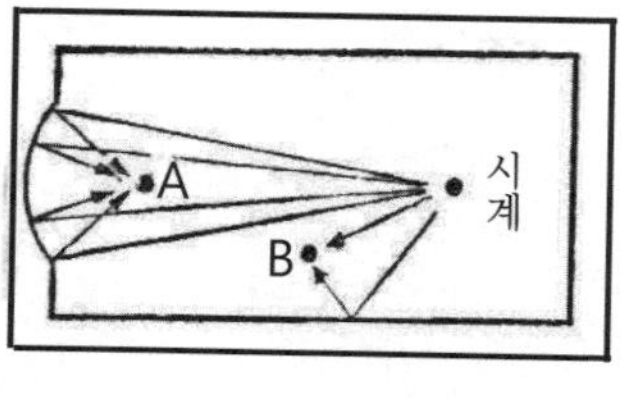

또 그림 (2)와 같은 경우도 A쪽이 B보다 잘 들린다고 하는 것은 충분히 생각할 수 있지만, 대답으로서는 가장 극단적인 예를 생각해 본 것이다. A에는 소리가 벽의 반사로 집중되었기 때문에 멀리서도 B보다 강하게 들린 것이 아닌가 하는 데까지 추리할 수 있다면 일단 정답이다.

【문제 17】

인체의 부분 이식이 가능하게 되고 있다. 눈의 각막, 피부 등은 이식받은 사람의 것이 되는 것은 분명하다. 팔이나 다리, 심장이 가능하다면 이것들도 물론 새로운 소유주의 소유물이 된다.

그러면 뇌를 이식했다면 도대체 어느 것이 누구의 것이 되겠는가?

【해답】 몸이 「뇌의 것」으로 될 것이다.

이와 같은 이식이 가능하게 되었다 해도 실행하는 데에는 문제가 있다. 다시 말해서 뇌를 이식하면 사람이 변해 버리기 때문이다. 종래, 인간의 죽음은 권력이나 돈과도 관계없이 찾아오는 것이다, 라고 했다. 그런데 인간이 죽는 경우 뇌 이외에 치명적인 원인이 있는 것이 보통이기 때문에 죽을 것 같은 몸을 가진 인간의 뇌가 건강한 새로운 몸을 원해서 권력이니 금력이니 하는 것이 움직이기 시작했다고 하면 무서운 일이다. 과학에서는 해결할 수 없는 문제를 포함하고 있다.

생각하다, 느끼다, 명령하다, 라는 각종 기능은 뇌에 있고 몸 전체가 새로운 뇌의 지배하에 들어가는 것이니, 뇌 본래의 소유자가 「몸을 바꿔 달았다」는 것처럼 느낄 것이다. (또 이와 같이 「심리적」인 소유권은 뇌에게 있지만 「생리적」으로는 입장이 반대이다. 생체에는 이질의 것이 들어가면 그것을 받아들이지 않는 「거부반응」이라는 것이 있고 이 경우, 거부반응을 받는 것은 뇌가 된다고 할 수 있기 때문이다. 심장이식의 예에서도 받아들인 몸이 거부반응을 일으키지 않도록 약을 투여했는데 오히려 헛일이었다 한다. 다시 말해서 그것은 본래 거부해야 할 세균까지도 이 약 때문에 거부할 수 없게 되어 결국 다른 병으로 죽어 버렸다고 하는 것이다. 이식에는 애물인 이 반응도 병에는 없어서는 안 되는 것이다.

【문제 18】

영국의 공업도시 맨체스터 부근에서 채취된 한 나방은 검은색이 많았다. 그런데 비공업지대에서 같은 종류의 나방을 채취했더니 하얀색의 것이 많았다. 공업지대에 검은 나방이 많은 것은 매연의 색으로 날개가 오염되었기 때문이겠지 하고 생각한 사람이 있었는데, 조사 결과 오염 때문이 아니라 원래 검은색을 한 나방이라는 것을 알게 되었다. 매연이 부착해서 검게 된 것이 아니라면 그 밖에 어떤 이유를 생각할 수 있겠는가?

【해답】「진화」되어 검게 된 것이다.

다시 말해서 매연이 부착되어 검게 된 것이 아니다. 원래 영국의 이런 나방은 하얀 종류가 많았는데 매연이 많은 공업지대에서는 건물도 나무도 검기 때문에 하얀 나방보다 검은 나방인 편이 앉아 있을 때 새와 같은 외적에게 잘 발각되지 않는다. 이 때문에 하얀 나방이 잡히는 찬스가 많고 검은 쪽이 살아남을 수 있는 것이다. 비 공업지대에서는 희게 보이는 것이 흰빛을 띤 이끼 같은 것으로 덮혀진 나무줄기 위에서는 잘 발견되지 않기 때문에 살아남는다.

하얀 쪽이 살아남기 쉬운 비 공업지대에서는 모종의 이유로 검은 변종이 발생해도 절멸되어 버리지만, 그 지방이 공업화되면 변종 쪽이 남고 하얀 쪽이 절멸되어 버린다. 환경에 잘 적응하는 것이 살아남는 적자생존의 원리의 한 예이다. 이렇게 해서 환경의 변화에 따라서 다른 것으로 변해 가는 「진화」가 행해지는 것이다.

「진화론」에서 유명한 영국의 생물학자 다윈이 「진화」의 속도는 대단히 완만하기 때문에 인간의 역사에 기록되는 범위의 연월(年月)로는 목격할 수 없다고 말하고 있지만, 이와 같이 조금씩 우리들 시대에도 변화는 일어나고 있는 것이다. 특히 미생물의 항생물질에 대한 인내성 등은 짧은 시일에 나타나기 때문에 내성과 신약 발견의 다람쥐 쳇바퀴돌기가 행해지고 있는 것이 현상이다.

<이 장의 정리>

정리에서 아주 쉬운 퍼즐의 덤을 한 가지 함께 생각해 보자.

맥주 컵 안에 물과 식염으로 된 무색투명한 액이 들어있다. 이 액 속에 신선한 달걀을 넣어보자. 다음의 4가지 경우 중 어느 것이 실제로 일어날 것인가?

(1) 달걀은 떠오른다. (2) 바닥에 가라앉는다. (3) 도중까지 가라앉고 어중간하게 되어 젓가락으로 찌르자 일단 바닥에 가라앉는데 다시 떠올라서 중간에서 멎는다. (4) 떠오르지도 않고 바닥에 가라앉지도 않고 어디에든 어중간하게 멎는다.

이것은 갈릴레오 갈릴레이(Galileo Galilei)의 《신과학 대화》라는 책에 나와 있는 유명한 문제이다. 보통으로는 소금물이 짙으면 (1), 엷으면 (2), 소금물의 비중이 달걀의 비중과 같을 때는 (4), 때문에 (3)은 일어나지 않는다고 생각할 수 있다. 그러나 갈리레이의 책에는 (3)도 있을 수 있다고 씌어 있다. 왜 그럴까? 「뜬다」라는 것은 어떤 것인지 이치로 따진다면 기억이나 특수한 사실에 의거한 고정관념에서 구원된다. 이 장에서 중요한 것은 이치로 따지는 사고라는 것이다. (3)이 일어날 수 있는 상태를 이치로 생각한다면 「컵의 액 절반 분은 매우 짙은 소금물이고 위로 절반에는 담수가 들어 있다.」라는 대답에 다다른다.

19세기 말, 영국의 물리학자 레리는 공기를 액화해서 분리한 질소가스는 암모니아를 분해해서 만든 질소가스보다 1000분의 1 정도 비중이 크다는 것을 알았다. 화학자인 람제는 이것은 공기 속의 질소보다 무겁고 게다가 대단히 반응하기 어려운 가스가 극히 소량 섞여있기 때문일 것이라고 추리했다. 그리고 이 추리를 확인하기 위해 두 과학자가 다년간 실험에 실험을 거듭하여 그 가스가 신원소 아르곤이라는 것을 발견하고 이어서 네온 등도 발견했다. 이것은 이론에서 미루어볼 때 달리 있을 것 같지 않은 예상을 철저한 실험으로 증명한 실례이다.

물체의 자유낙하의 법칙을 발견한 것은 갈릴레이다. 그것은 피사의 사탑에서 무거운 물체와 가벼운 물체를 동시에 떨어뜨려서 두 개가 동시에 착지하는 것을 「발견」한 것이 실마리였던 것처럼 대개의 사람은 믿고 있다. 그러나 1톤의 쇳덩어리와 100그램의 돌멩이가 공기의 저항만 없으면 같은 높이에서 동시에 떨어뜨리면 동시에 착지할 것이라고 추리했기 때문에 이 실험이 행해진 것이다.

이와 같이 의문을 가지고 추리해 가면 그 추리가 옳은지 어떤지 확인하는 것이 필요하게 된다. 그래서 다음 장에서 「확인하는 것」에 대해서 생각해 보기로 하자.

PART 3. 확인하는 것

머리가 좋은 사람은 비평가로서 적당하지만
행위를 하는 사람으로는 되기 어렵다.
— 테라다 토리히코

<이 장의 목적>

「추리하는 것」의 장에서는 우리들 일상생활 속에서 과학적인 상식이 되어 있는 것을 근거로 철저하게 이치로 따져서 좁혀가는 것을 다루었다. 「확인하는 것」도 추리임에는 틀림없지만 그 추리의 결과 얻어진 판단이 옳은지 어떤지 확인한다. 논리적인 절차가 중심이 된다.

예를 들면 여기에 「입춘 날에 달걀이 선다」라는 하나의 설이 있다. 이것은 책상 위에 많은 달걀을 세워서 사진을 싣고 신문을 떠들썩하게 했던 적이 있다. 이 기사를 보고 입춘 날에는 지구의 중력이라든가 회전인가에 특이한 현상이 있기 때문이겠지 하고 그럴싸한 이유를 생각하는 사람도 있었다고 한다. 콜럼버스 이래 깨지 않고서는 달걀은 서지 않는다고 생각하고 있는 사람이 많았기 때문에 무리도 아니다. 확실히 입춘 날에 달걀은 섰다.

그러나 입춘 이외의 날에는 달걀이 서지 않는다고 하는 것이 실험에서 확인되지 않는 한 「입춘 날에 달걀이 선다」라는 설이 옳다고는 증명할 수 없다. 실은 입춘과는 무관하게 달걀을 세울 수 있는 것이다. 추리는 어디까지나 추리이다. 추리의 결과 얻어진 판단을 확실히 그렇다고 확인하지 않으면 과학적인 사고법이라고는 말할 수 없다.

이 사고방식으로 「확인하는」 방법에 대해서 생각해 보자.

【문제 1】

한 남자가 쥐를 몇 마리 키우고 있었다. 이상하게도 그는 그 쥐의 꼬리를 전부 자르고 말았다. 그리고 그 쥐에서 생긴 새끼 쥐도 전부 마찬가지로 꼬리를 잘라서 잇따라서 몇십 대나 쥐의 꼬리를 잘랐다고 한다. 세상에는 그를 가리켜서 미치광이라고 생각하는 사람도 있었지만, 실은 그는 놀라운 노력가로 「무엇인가」를 확인하려고 하고 있었던 것이다. 그 「무엇인가」란 무엇일까?

【해답】「몇 십대에 걸쳐 계속 자른다면 태어나는 쥐의 꼬리는 길어질 것인가, 짧아질 것인가?」라는 것.

그는 쥐의 꼬리 수집가도, 수상쩍은 강정제 제조자도 아니다. 유전학에서 말하는 「획득 형질」, 요컨대 선천적이 아니다. 후천적으로 가해진 생물의 형태나 성질의 특징이 그 자손에게로의 유전 여부를 확인하려고 한 것이다. 예를 들면 어떤 어머니가 「내가 지금 쌍꺼풀 수술을 하면 쌍꺼풀 딸이 태어날까?」라고 생각하는 것과 같은 문제이다. 혹은 싹둑 자를 때의 자극으로 꼬리가 길어진다고 하는 것도 생각할 수 있다.

프랑스 생물학자 라마르크(Lamarck, 1744~1829년)는 획득형질의 유전이 진화의 원인이라는 설, 다시 말해서 단 1대에서 얻어진 어떤 변화에서도 대대로 거듭하여 진화의 방향을 정한다고 하는 설을 정립했다.

이것이 유명한 「용불용설(用不用說)」이 된다. 그러나 현대에서는 이 설은 비판되고 있다. 그러나 몇 대가 걸쳐도 절대로 변하지 않는다고 하면 진화 같은 것은 있을 수 없게 될 것이다. 그 때문에 현대에서는 이 진화의 원인은 「돌연변이」, 즉 유전을 결정하는 요소를 내포한 세포(생식세포)의 돌연한 변화가 모종의 이유로 고정되어 남는 것이라 해석되고 있다.

【문제 2】

외관도 무게도 똑같아서 구별할 수 없는 두 개의 철봉 A, B가 있는데 그 중 하나가 자석봉이라고 한다. 이 두 개의 철봉 이외의 것은 사용하지 않고 어느 쪽이 자석봉인지를 구별하려면 어떻게 하면 되겠는가?

【해답】 그림처럼 T자 형으로 조립한다. 그리고 두 개가 끌어당기면 세로 막대가 자석, 끌어당기지 않으면 가로 막대가 자석이다.

한 중학생에게 이 문제를 냈더니, A를 B에 접근시켜서 A가 B에게 딱 달라붙는다면 B가 자석, B가 A에게 딱 달라붙는다면 A가 자석이다, 라고 대답했다. 다시 말해서 그의 머릿속에는 「자석은 쇠를 끌어당긴다」라는 생각이 있었던 모양이다. 그러나 실제로는 같은 중량이라면 「쇠도 자석을 끌어당긴다」라고도 말할 수 있다. 때문에 양쪽의 쇠가 서로 달라붙었다는 것만으로는 어느 쪽이 자석인지 절대로 알 수 없는 것이다. 물론 쇠로 된 못 하나라도 있으면 그것을 끌어당기는 쪽이 자석이라는 것은 간단히 알 수 있다. 그러나 이 문제에서는 다른 것은 일체 사용하지 않기로 되어 있다. 그래서 자석이라는 것을 좀 더 생각해 본다. 자석은 끌어당기는 힘이 자석 전체에 균일하게 분포되어 있는 것이 아니라 양 끝이 제일 강하다. 그 양끝은 N극과 S극이라 하여 쇠를 끌어당기는 점에서는 같지만, 전기에서 말하는 플러스

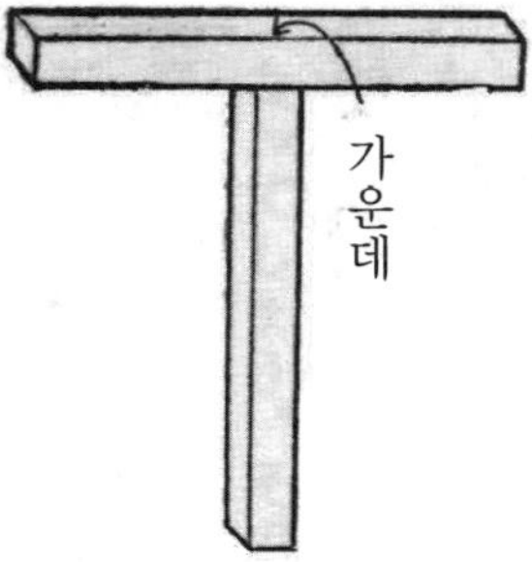

마이너스라는 것처럼 정반대의 성질을 가지고 있다. 자석의 중앙부는 이 성질이 전환되는 점에 해당되고, 양쪽 성질이 서로 거부하고 거의 쇠를 끌어당기지 않는다. 때문에 답처럼 조립하면 어느 쪽이 자석인지 구분할 수 있는 것이다.

【문제 3】

약의 효력을 테스트하려고 환자를 똑같은 병상의 두 그룹으로 나누어서 한쪽 그룹에는 그 약을 투약했는데, 다른 그룹의 처치에 대해서 두 의사가 서로 언쟁하고 있다.

A : "다른 환자에게는 그 약과 냄새와 맛이 비슷한 약이 함유되지 않은 약을 먹이면 된다."

B : "아니, 그런 해도 이도 없는 것을 투여하다니 무의미하다구. 수고로움만 해도 보통이 아니라구."

약 자체의 효력을 판정하려면 어느 쪽 의사의 주장에 따르는 것이 유리하겠는가?

【해답】 A.

약의 성분을 포함하지 않는 효력이 있을 리 없는 가루를 먹이기만 해도 약을 먹었다고 하는 안심감 때문인지 병이 쾌유 쪽으로 향하는 경우가 있다. 미개인에게 치분(齒粉)을 먹이고 두통약으로서 효력이 있었다고 하는 이야기도 있다. 때문에 그 약의 성분의 어떤 병에 대한 효력만을 순수하게 판정하고 싶다면 그 약을 투여하지 않는 그룹에도 뭔가 그럴싸한 것을 투여하여야 한다. 물론 다른 조건, 예를 들어 양지가 좋다 나쁘다, 담당 간호사가 미인이다 아니다, 라는 것까지도 될 수 있는 한 같아지도록 하는 것이 좋다는 것은 말할 것도 없다. 이와 같이 다른 조건을 평등하게 해두어도 역시 병상에 변화가 나타난다면 이것은 약의 효력이다, 라고 판정할 수 있게 된다.

화학에서도 비슷한 점이 있다. 예를 들면, 한 광석에 포함되는 유황의 양을 조사할 때 그 광석을 연료로 태워서 나타난 유황의 양을 잰다. 그러나 그때 사용하는 연료 자체가 유황을 포함하고 있는 경우가 있기 때문에 미리 유황을 전혀 포함하지 않는 것을 그 연료로 사용하여 보고 나오는 유황의 양을 조사해 두고 그것을 광석을 태웠을 때 나온 양에서 빼야 한다. 이 방법을 「블랭크 테스트」 또는 「공시험」이라 한다.

【문제 4】

한 남자가 정신과 의사를 찾아가서 이렇게 호소했다.

"나는 아무래도 다른 사람과 색을 보는 견해가 다른 것 같습니다. 나는 태어났을 때부터 전부가 「빨강」이라고 하는 색을 「녹색」으로 느끼고, 「녹색」이라고 하는 색을 「빨강」으로 느끼고 있는 겁니다. 그러나 내가 포스터의 그림을 그릴 때 내 눈에는 포스터가 「녹색」으로 보여서 막상 「녹색」크레용을 집으려고 하면 크레용의 「빨강」도 「녹색」으로 보이게 되니 그 「녹색」으로 보이는 크레용, 다시 말해서 「빨강」 크레용을 집어서 칠하고 있는 게 아닌가 하는 생각이 듭니다. 결국 빨간 포스터는 언제나 빨갛게 칠해지는 것이니, 사람들은 전부 내가 정상으로밖에 보이지 않는 겁니다. 불안해 견딜 수 없어서 선생님이 정상인지 이상인지 확인해 주셨으면 합니다."

이 남자가 정상인지를 확인하려면 어떻게 하면 되겠는가?

【해답】 확인할 방법이 없다.

이 남자에게 빨간 카드를 보였다고 하자. 그가 설사 이 카드의 색을 어떻게 느끼든 그는 빨갛다고 대답할 것임에 틀림없다. 왜냐하면 그가 빨간색을 처음 느꼈을 때, 만약 일반적으로 말하는 녹색을 그가 느끼고 있었다 해도 주위는 이것을 빨갛다고 가르친다. 그러면 그는 그의 감각이 어떻든 아무런 반발도 없이 「빨강」으로 기억해 버릴 것이니, 이후 빨간색을 보면 「빨강」이라고 대답하는 것이다. 요컨대 그에게는 어떻게 보이든 다른 색이 다른 색으로서 인식할 수 있는 한 정상인인 것이다.

자신이 정상이라고 생각하고 있는 사람들도 자신이 빨갛다고 느끼고 있는 색은 「혼자서만의 빨강」이지 다른 사람이 느끼고 있는 빨강과는 전혀 다른 감각인지도 모른다. 그리고 확인할 방법이 없는 것이다. 타인에게 「이 색이 무슨 색으로 보이지?」라고 물어도 자신이 빨갛다고 말하듯이 그 사람도 빨갛다고 대답하기 때문이다. 다만, 빨강을 모두가 빨갛다고 부르고 있으면 각자가 어떻게 느끼고 있든 아무런 불편도 없다. 문제와 같은 인물이 남에게 간섭하지 않으면 타인이 곤란한 일은 없는 것이다.

【문제 5】

무중량 상태의 우주선 안에서 작은 두 개의 공을 구별할 수 없게 되었다. 형태나 크기는 똑같기 때문에 지구 위에서는 한쪽이 다른 한쪽의 2배나 무거웠기 때문이다. 양쪽이 모두 둥둥 떠올라서 저울도 사용할 수 없다. 어떻게 하면 간단히 구별할 수 있겠는가?

【해답】 손으로 잡고 움직여 보면 안다.

지구상에서 하듯이 두 손 위에 얹어 보고 알 수 있는 것은 아니다. 지구상에서 그것을 할 수 있는 것은 정지된 손바닥 위에서 구슬이 지구에 끌려서 무거운 구슬일수록 손바닥을 강하게 내리누르기 때문이다. 손바닥을 정지시켜 두고 구슬이 손바닥을 누르는 힘의 크기로 무게를 식별한다.—이와 같은 이른바 정적(靜的)으로 보이는 방법은 무중량 상태의 우주선 내에서는 사용할 수 없다. 그렇다면 지구의 인력에 상당하는 「힘」을 이 구슬에게 주면 되는 것이다. 요컨대 「중량」이 없는 세계에 중력이 가해지는 힘을 만들어 보면 된다. 예를 들면, 답과 같이 구슬을 움직여 본다. 그러면 무거운 구슬일수록 움직이는 데 큰 힘이 필요하며 움직이기 시작하면 정지시키기 어렵다. 그것이 손바닥을 누르는 힘의 크기에 따라서 느껴지게 될 것이다. 움직이는 데 보다 큰 힘을 필요로 하는 쪽이 무거운 구슬이라고 말할 수 있다. 움직임으로써 구슬에게 중력에 대신하는 힘을 준다.—그런 소위 동적인 방법으로서만 무게의 차를 식별할 수 있는 것이다. 때문에 예를 들면 원통형 용기 속에 구슬을 넣고 「도르레」처럼 회전하면 원심력을 얻을 수 있다. 그러면 무거운 구슬일수록 강하게 원통 벽에 밀어붙이기 때문에 그 힘의 강도를 조사해 보더라도 구슬의 무게는 구별될 것이다.

【문제 6】

영국의 브라운 박사(Brown Robert, 1773~1858)는 1827년의 어느 날, 꽃가루를 물에 띄운 것을 현미경으로 관찰하고 있는 동안에 꽃가루가 불규칙하게 물속을 부유하는 것을 발견했다.

그래서 그는 다음의 실험을 시험했다.

(1) 꽃가루를 알코올에 담갔다가 말려서 다시 똑같은 관찰을 했다. 그러자 꽃가루는 역시 마찬가지로 움직이고 있었다.

(2) 그래서 다음에 그는 유리조각을 가루로 만들어서 물에 넣어 똑같이 관찰했다. 그러자 역시 그 유리가루의 하나하나가 마찬가지로 움직이고 있었다.

그는 (1), (2)의 실험에서 무엇을 확인하려고 했던 것일까?

【해답】 꽃가루의 이 운동은 꽃가루가 살아 있기 때문에 일어나는 것이 아니라는 것을 확인하려고 했다.

그가 꽃가루를 알코올에 담근 것은 꽃가루를 죽이기 위해서였다. 그러나 죽인 꽃가루가 여전히 움직이고 있다. 그렇다면, 하고 이번에는 완전히 무생물이라 생각할 수 있는 유리가루로 시험했는데도 역시 움직이고 있다.

생명이 있어서 움직인다고 하는 생각은 여기서 완전히 부정되었다.

생명이 없는데 왜 움직이는가?—당시의 사람이 여러 가지로 생각했지만 이유를 알 수 없었다. 물의 대류라든가 빛에 의한 것이라 생각하게 된 적도 있었지만, 결국 브라운의 생존 중에는 원인을 알지 못했다. 그가 죽은 후 이 미세한 입자의 기묘한 운동은 물의 분자의 충돌에 의한 것이라는 것을 알게 되었고 발견자의 이름을 따서 「브라운 운동」이라고 명명했다. 그 이전에도 분자라든지 원자라고 하는 생각은 주장되고 있었지만, 그 존재를 간접적이긴 하지만 처음 나타내는 중요한 발견이었다 할 수 있다.

브라운의 이 실험은 과학자가 자신의 의문이나 가설을 어디까지나 납득이 갈 때까지 확인하여 밝혀 가는 태도의 본보기라고 해야 할 것이다.

【문제 7】

별장지나 하이킹 코스의 안내에 흔히 「오존이 가득」이라는 말이 나온다. 이 「오존」이란 산소원자가 세 개 달라붙은 분자로 이루어져 있는 기체이다. 우리들이 보통 「산소 가스」라고 하는 기체는 산소원자 두 개가 달라붙은 분자로 이루어져 있기 때문에 오존은 산소 가스의 형제분과 같은 것이다.

그런데 이 오존이 산소원자만으로 이루어져 있는 것을 확인하려는데, 다음의 방법이 옳은 것일까?

"오존과 수소 가스라는 두 종류의 기체만을 섞어서 불을 붙이자 물이 생겼다. 물은 수소와 산소의 화합물이다. 따라서 오존은 산소만으로 이루어져 있다."

【해답】 옳지 않다.

이 방법으로 확인된 것은 오존이라는 기체에 산소가 포함되어 있었다고 하는 것밖에 없다. 오존에는 산소 이외에 아무것도 포함되어 있지 않다는 것은 확인되지 않았다. 예를 들면, 오존에 산소 이외에 질소라는 성분이 포함되어 있었다 해도, 또 물이 생겼다 해도 이상한 것은 없는 것이다. 이 경우에는 물론 물이 생기는 것과 동시에 질소도 어떤 형태로 나오게 될 것이다. 때문에 물 이외의 것은 아무것도 생기지 않았다, 라고 하는 데까지 확인할 수 있다면 되는 것이다. 그러나 이것은 물론 오존을 순수한 하나의 기체라고 본 결과로서의 사고방식이다. 만약 최초부터 오존뿐이라고 생각하고 있었던 기체에 산소 가스가 섞여 있었다고 하면 물 이외는 아무것도 생기지 않았다는 것을 확인해도 오존 자체가 산소원자만으로 이루어져 있다는 증명은 되지 못한다. 수소와 화합해서 물을 만든 것은 오존이 아니라 산소 가스였다고도 말할 수 있기 때문이다.

오존이 산소로만 되어 있다는 것을 간단히 증명하려면 산소만을 사용해서 오존을 만들면 된다. 그리고 오존이 있다는 증명만 하면 된다. 「……이 있는」 증명은 쉽지만 「……이 없는」 증명은 어려운 것이다. 범죄사건 등의 「부재증명(알리바이)」은 거기에 가지 않았던 것보다 다른 곳에 있었다는 것으로 증명하고 있는 것이다.

<이 장의 정리>

「뿌리지 않은 씨앗은 싹트지 않는다.」라고 하는 속담이 있다. 그러나 「뿌린 씨앗은 싹튼다.」라는 말은 하지 않는다. 정원에 데이지를 뿌리면 데이지에 섞여서 팬지의 꽃도 피었다. 아무도 데이지가 팬지로 변했다고는 생각하지 않는다. 그러나 너무 예기치 않은 것이나 확인하기 어려운 현상과 부딪치게 되면 여러 가지로 잘못 판단하게 된다.

예를 들면 다음과 같은 간단한 실험을 생각해 보자.

두 개의 접시를 나란히 놓고 양쪽에다 약솜을 깐다. 접시 A에는 솜을 물에 적시고 접시 B의 솜은 마른 채 그대로 둔다. 그런 다음 같은 크기로 싹이 트려고 하는 씨앗을 접시 A, B의 솜 위에 놓는다. 그리고 두 접시를 같은 장소에 나란히 놓는다. 며칠이 지나면 접시 A의 씨앗은 발아하고 접시 B의 씨앗은 싹이 트지 않았다. 그래서 「발아에는 물이 필요하다.」라는 결론이 나온다.

이번에는 접시 A도 B도 솜을 똑같이 물로 적시고 똑같은 씨앗을 그 위에 나란히 놓는다. 접시 A는 냉장고에, 접시 B는 상온의 곳에 둔다. B가 발아했을 때 냉장고에서 접시 A를 꺼낸다. 만약 접시 B도 냉장고와 마찬가지로 광선이 비치지 않는 벽장에 넣어 두었다면 「발아는 온도가 낮으면 일어나지 않는다. 또는 늦다.」라는 결론이 나온다. 그러나 접시 B가 양지에 두면 광선이라는 다른 조건이 가해지기 때문에 이 경우에는 결론은 나오지 않는다. 이것은 107쪽의 「약의 효력」의 퍼즐과 같은 형식의 판단이다.

「실험」이라 하면 곧 「확인한다.」를 연상한다. 그러나 해보았다고 해서 실험을 했다고는 할 수 없다. 화장품 가게는 여러 가지 값이 비싼 크림을 여자에게 팔 궁리를 한다. 「일주일 지나서 거울을 보라.」라는 식의 광고를 낸다. 일주일 후와 오늘의 얼굴과는 보통으로는 비교할 도리가 없다는 것은 시치미를 떼고 있다. 그 크림을 바르지 않고 비누로 얼굴을 깨끗이 씻고 비누 찌꺼기를 약솜으로 잘 닦아내면 피부의 아름다움은 유지할 수 있을지도 모른다.

이 비교, 검토가 「대조법」이라 일컫는 확인법에 상당한다. 이 과정을 거치지 않으면 그 약이니 크림이니 하는 효력에 결론을 내릴 수는 없다. 우리들은 의외로 일상 시, 이것을 잊는 경향이 있다. 이 「확인한다」라고 하는 조작을 통함으로써 하나만의 사실에서 일면적인 것을 판단할 위험에서 벗어날 수 있는 것이다.

PART 4. 시점을 바꾸는 것

사람은 아무튼 하나의 사고에 치우치는 법이다.

— 파스퇴르

<이 장의 목적>

자신이 탄 상행열차가 역에서 정차하고 있다. 이와 나란히 정차 중의 하행열차의 창가의 매력적인 여자에게 마음을 빼앗기고 있자 발차 벨도 귀에 들어오지 않는데도 자신이 탄 열차가 움직이기 시작한다. 깜짝 놀라 당황하자 자신이 탄 차는 아직 정차 중이다. 이런 경험은 누구나 있다. 이것은 「시점」이 저쪽으로 옮겨져 버린 데서 일어나는 착각이다.

고정된 시점을 다른 곳으로 옮기고 문제를 해결하는 것은 생활의 지혜이기도 하거니와 과학의 전술이기도 하다. 세로만 보고 있던 것을 가로로 바라봄으로써 대상의 새로운 법칙성을 발견할 수 있는 것이다.

16세기, 폴란드의 천문학자 코페르니쿠스가 예로부터의 천동설을 버리고 지동설을 취한 것은 역사상 최대의 시점 전환으로 「코페르니쿠스적 전환」이라 일컫는다. 지상의 인간이 눈에 보이는 대로의 사실, 요컨대 「경험 사실」을 법칙화하면 최초는 아무래도 천동설이 된다. 지구에 있던 기준의 점을 태양으로 옮겼다는 데에 코페르니쿠스의 시점 전환이 있다.

이 장에서는 「시점을 바꾸는 것」이 과학적 추론으로서 어떻게 유력한 무기인가에 대해서 생각해 보자.

【문제 1】

바람은 없지만 비가 내리고 있다. 그늘이 없는 들에서 100미터 떨어진 이쪽 오두막에서 저쪽 오두막까지 우산 없이 가고 싶다. 달려가는 것과 걸어가는 것 어느 쪽이 덜 젖겠는가? 단, 비는 계속 같은 기세로 내리고 있다고 간주한다.

【해답】 뛰는 쪽이 젖지 않는다.

비에 젖는다는 것은 어떤 것인가? 정리해서 생각해 보자. 비는 앞에서 맞는 것과 위에서 떨어져 오는 것으로 나누어 생각할 수 있다. 앞에서 몸에 맞는 비는 낙하하고 있는 빗방울을 도중에서 몸의 전면에서 받아내는 것이니까 시점을 바꾸면 비가 떨어지지 않은 상태, 요컨대 공중에 부유하고 있는 상태의 물방울에 몸의 전면이 맞게 되는 것이라고 생각해도 좋다.

그래서 그림처럼 「100미터 x 몸의 전면의 면적」으로 나타낼 수 있는 공간에 떠있는 빗방울을 생각하면 걷든 뛰든 이 공간에 있는 빗방울은 모두 몸의 전면에 맞는다. 요컨대 몸의 전면을 적시는 비의 양은 뛰어도 걸어도 변하지 않게 된다. 다음에 위에서 내려오는 비는 사람을 위에서 본 면적에 항상 내리쏟아지고 있다. 때문에 그 양은 비 속에 있는 시간이 길수록 많아지게 된다.

그래서 아까의 일정량과 이 시간에 비례하는 양과를 합해 보면 뛰는 쪽이 젖지 않는다는 결론을 내릴 수 있다.

【문제 2】

구멍이 뚫린 동전을 가열한 경우, 그 구멍은 크게 되겠는가? 작게 되겠는가?

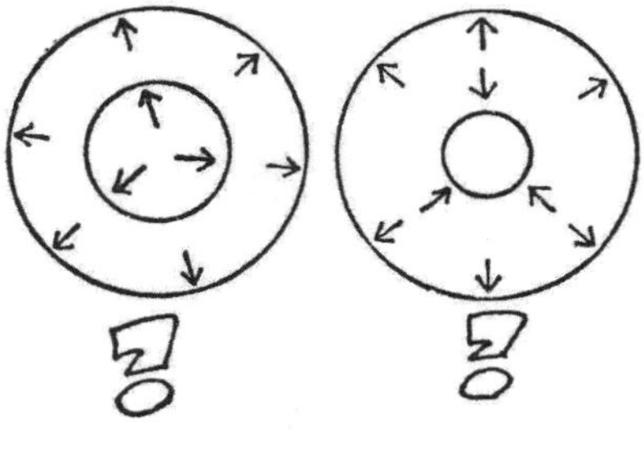

【해답】 커진다.

주위의 재료가 커지면 구멍 속을 향해서 그 재료가 몰려드는 것같이 생각할 수도 있다. 만약 그렇다면 구멍은 작아질 것이다. 찰떡에 구멍이 뚫려 있으면 구어서 찰떡이 부풀었을 때 그 구멍이 작아지는 것을 본 사람도 많을 것이다. 그러나 찰떡의 경우와는 약간 사정이 다른 것이다.

여기서 시점을 바꾸어 본다. 철사를 가열하면 팽창한다는 것은 누구나가 알고 있다. 동전의 경우, 이 철사를 고리로 한 형태라고 생각하면 된다. 그러면 주위가 늘어나고 그 결과 구멍이 커지는 것을 이해할 수 있을 것이다. 구멍이 커지기 때문에 이 원리를 이용해서 꼭 닫힌 병마개를 여는데 마개를 가열하면 된다는 것이다.

이 방법은 공업적으로도 많이 이용되고 있다. 예를 들면 기관차의 바퀴는 레일에 접하는 부분과 중심부와는 재료가 다르다. 이 두 개를 따로따로 만들어 놓고 마지막에 바깥 굴레를 가열해 두고 중심 부분을 끼운다. 바깥 부분 재료가 안쪽에 접하는 부분을 안쪽보다 아주 약간 작은 듯하게 만들어 두면 서로 끼운 다음 바깥 부분이 식어서 줄어들었을 때 꼭 맞아서 느슨해지는 일이 없어진다. 「달구어 끼기」라고 하는 방법이다.

【문제 3】

귀중한 서류 위에 빨간 잉크를 떨어뜨리고 말았다. 이것은 흑백 사진으로 찍으면 다음의 그림처럼 빨간 부분이 회색 얼룩으로 찍혔다. 깎아 내거나 잉크 지우개를 사용하거나 하면 귀중한 서류가 상하기 때문에 서류는 그대로 두고 이 얼룩이 생기지 않게 찍고 싶다. 어떻게 하면 되겠는가?

【해답】 빨간 셀로판을 대고 촬영하면 된다.

빨간 조명을 비치는 것도 좋은 방법이지만 셀로판 쪽이 간단하다. 다만, 빨간 셀로판을 통해서도 하얀 부분은 빨갛게 될 뿐이지만 빨간 부분은 빨간 것이 이중이 되어서 어두운 적색이 되기 때문에 결과로서는 경계가 또렷이 보이게 되지 않을까 하는 의문도 있을 것이다. 그러나 셀로판이 어떤 색을 띠고 있다는 것은 그 셀로판이 그 색의 빛을 통과시키고 있다는 것이다. 때문에 잉크의 색과 셀로판의 색이 똑같은 이상 잉크 색은 그대로 셀로판을 통과하기 때문에 어두운 색이 되지는 않는다. 따라서 얼룩은 전혀 찍히지 않게 된다.

이 빨간 잉크처럼 너무 두드러져서 방해되는 것이 있다면 그것을 없애는 것만 생각하지 말고 한번 시점 전환을 시도한다. 그러면 반대로 그것과 같은 것을 전체에 주고 그것을 두드러지지 않게 하는 방법도 있다는 것을 깨닫게 될 것이다. 이 문제의 경우는 전체를 빨갛게 하고 얼룩과 다른 부분과의 차이를 없앤 것이다. 다만, 이 방법은 물론 흑백 촬영 때만 통용된다. 루즈를 칠한 입술을 찍을 때 빨간 필터를 끼어서 찍으면 입술은 하얗게 찍히고 녹색 필터를 끼면 반대로 검게 강조된다. 이것도 같은 원리이다.

【문제 4】

흑은 열을 흡수하기 쉽고 백은 열을 잘 흡수하지 않는다. 그런데 추운 지대에 살고 있는 인종은 피부색이 하얗고 열대에 사는 인종은 피부색이 검다. 생물은 될 수 있는 한 주위의 환경 속에서 살기 쉬운 형태를 갖는다고 하는 자연계의 원칙에 비추어 볼 때 이 현상은 모순된다. 맞는가?

【해답】 모순되지 않는다.

열을 흡수한다고 하는 시점에서만 생각하면 모순된다고 말할 수 있을 것이다. 그러나 좀 더 다른 시점에서 생각해 보자. 햇살에 비치면 검게 된다. 이 검게 된다고 하는 것은 뭔가 인체에 필요한 효과가 있는 것이 아닐까.

요컨대 검은 쪽이 빛에 대해서 강한 것이 아닐까. 빛에는 열도 있지만 너무 강한 자외선에는 해로운 작용도 있다. 검기 때문에 빛을 흡수한다고 하는 것은 빛을 통과시키지 않는다고도 말할 수 있다. 다시 말해서 검으면 피부 아래가 손상을 잘 입지 않는다고 생각할 수 있다. 때문에 검은 피부라는 보호층을 갖지 않은 백인은 태양광선에 약한 게 아닐까. 이것이 열의 흡수보다 더욱 큰 의미를 갖는다면 피부의 색과 환경 사이에 모순이 없다는 셈이 된다. 피부에 자외선이 비치면 피부 속의 멜라닌 색소가 퍼져서 검게 되고 피부 아래를 보호하는 것이다.

생물의 변화는 반드시 환경에 대해서 편리한 방향으로만 향하고 있다고는 말할 수 없다. 그러나 언뜻 보기에 불합리하게 보이는 변화라도 다른 모종의 이유를 가지고 있는 경우가 많다. 사정이 좋지 않은 변화를 한 것은 절멸하기 쉽고 역시 적당한 것이 살아남기 쉬운 것이다.

【문제 5】

어떤 나라에서 파리를 절멸시키기 위해, 그 방침으로 파리를 증가시키는 데 「어떤 조작」을 가하여 매주 1억 천만 마리씩 방생하고 있다는 이야기가 있다. 이 방법이 착실히 성과를 거두고 있는데 「어떤 조작」이란 무엇일까?

【해답】 파리에게서 새끼를 까는 능력을 빼앗는 조작.

자세하게 말하면 피나 살을 사용해서 대량으로 증식한 파리에게 코발트 60 등의 방사선을 조사하고 새끼를 까는 능력을 제거하여 놓아준다. 그러면 보통으로 새끼를 까는 능력을 갖는 파리가 이 파리와 교미해도 새끼는 생기지 않는다. 새끼를 깔 수 없는 파리가 많으면 많을수록 그 대에서 끝나버리는 커플도 많이 생기기 때문에 이 파리의 일족은 급속히 감소해 가게 된다. 다만 이 불임화의 도가 지나쳐서 파리가 조금도 연애하지 않고 따라서 교미도 하지 않게 된다면 모처럼의 방법이 전혀 효력을 가져오지 못하게 된다.

살충제, 유인제, 천적 등 해충의 구제 방법에도 여러 가지가 있는데 살충제는 익충은 물론 사람과 가축에도 해를 끼치는 경우가 있고, 천적은 자연의 밸런스를 파괴하고 늘어난 천적이 해충보다 해가 되었다고 하는 이야기도 있다. 그에 대해서 이 방법은 비교적 단시일에 절멸할 수 있고 게다가 그 종류만을 멸하여 다른 곤충, 농작물에는 해를 주지 않는다는 등 대단히 유리하다. 미국에서는 현재 실제로 이 방법을 사용하고 있다.

이 방법에는 죽이고 죽여도 늘어난다고 하는 지독한 파리의 생식 능력을 반대로 이용해서 절멸시키려고 하는 또렷한 시점의 전환이 있다.

【문제 6】

같은 어미에게서 동시에 태어난 옥새송어의 알 중 거의 같은 크기, 같은 무게의 알 12개를 골라서 부화시켰다. 그러자 갓 부화한 치어는 거의 같은 크기, 같은 무게였다. 개중 6마리를 하나의 물통에 함께 넣고 나머지 6마리를 같은 크기의 물통을 6등분해서 칸막이하여 한 마리씩 넣었다. 다른 조건은 12마리 전부 같다.

예를 들면 먹이는 6마리를 같은 물통에 주는 양의 6분의 1씩의 양을 칸막이한 곳에 각각 주었다.

그런데 얼마 지나자 칸막이한 쪽의 각 물고기는 전부 똑같이 성장하고 있는데, 함께 넣은 쪽은 대소의 차가 생겨서 큰 것은 점점 커지고 작은 것은 성장 상태가 아주 나빠서 결국은 죽어버렸다.

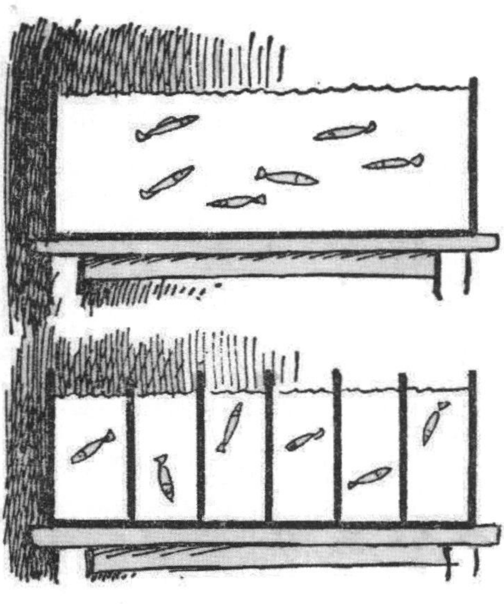

왜 이런 차가 생긴 것일까?

【해답】 여섯 마리가 함께 들어있는 수조에는 「힘 관계의 사회」가 생기기 때문이다.

6마리가 함께 들어있는 수조에서는 최초 순위를 차지하려는 투쟁이 있고 개개의 물고기의 순위가 정해진다. 그리고 순위가 높은 놈이 좋은 식사를 먹을 수 있게 되기 때문에 강한 놈은 점점 살찐다. 원숭이 사회에서는 완전한 순위가 있고 닭도 먼저 먹이를 먹는 닭의 순위가 높다. 강한 쪽은 언제나 약한 쪽을 콕콕 쪼면서 강한 것을 과시하기 때문에 이 순위를 「콕콕 쪼는 순서」라고 부른다. 물고기의 경우 재미있는 것은 최강의 놈이 죽으면 반드시 2위의 놈이 톱이 되는 것이 아니고 다시 한 번 순위 다툼을 하여 새 순위가 정해진다.

이것은 동일 종 내에서만이 아니라 이종 간에도 일어난다. 예를 들면, 정어리 새끼가 많은 계절에는 고등어도 방어도 정어리 새끼를 먹지만, 정어리의 양이 줄면 정어리는 오로지 방어만의 먹이가 되고 고등어는 가장 낮은 보리새우의 동물성 플랑크톤(부유생물)을 먹는다. 방어 쪽이 강하기 때문에 이렇게 되는 모양이다. 이 현상을 「먹는 몫」이라 한다. 그러나 이 방어의 경우처럼 먹이 면에서 융통이 되지 않는 종류는 조건이 달라졌을 때 먹이의 변경이 뜻대로 안되어 종족이 푹 줄게 되는 경우가 있다. 물고기라는 하등생물의 세계에서도 「힘 관계」라는 사고방식을 도입해서 시점의 전환을 꾀하면 자연의 수수께끼가 풀리게 되는 좋은 예라 할 수 있다.

【문제 7】

조수의 간만은 바닷물이 달의 인력에 끌려서 이동하기 때문에 일어난다고 한다. 그러나 단지 바닷물에 끌리기만 하는 것이라면 왼쪽 그림과 같이 지구의 한쪽만이 만조가 될 것이다. 그런데 실제로는 오른쪽 그림과 같이 반대쪽도 만조가 된다. 왜 그런 현상이 나타나게 되는 것일까?

또 태양의 인력은 생각하지 않아도 된다.

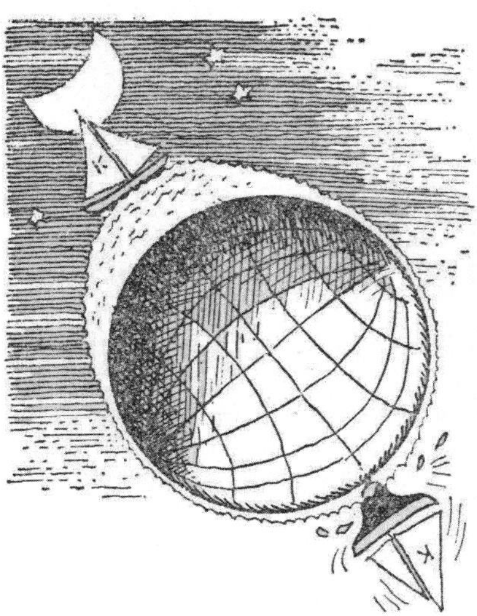

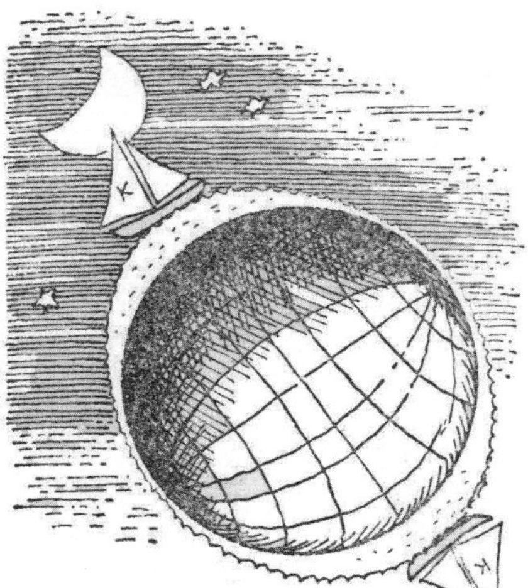

【해답】 지구 자체도 달에 끌리고 있기 때문에.

아무리 생각해도 지구의 한쪽만이 만조가 된다고밖에 결론이 나오지 않는다. 그러나 현실로 지구의 반대쪽에도 만조가 있다. 그러면 생각이 막다른 골목에 다다르게 된다. 이와 같은 때야말로 새로운 각도에서 시점을 바꿔서 사물을 볼 필요가 있다.

만유인력은 거리가 작을수록 강하게 작용한다. 때문에 달의 인력의 영향은 달에 면한 해면, 지구 자체, 반대쪽의 해면, 이렇게 달에서 멀어짐에 따라서 약해진다. 달에 가까운 쪽 해면은 지구 자체가 달에게 끌리는 힘보다 강한 힘으로 달에게 끌리기 때문에 부풀어 오른다. 달에서 먼 쪽의 해면은 지구 자체가 달에게 끌리는 힘보다 약한 힘으로 끌리기 때문에 뒤처져서 부풀어 오른 것처럼 보이게 된다.

해수만 끌린다고 생각하면 이상하지만 「해수가 끌린다면 지구 자체도 끌리고 있을 것이다.」라는 시점의 전환을 해보는 것이 이 문제가 노리는 점이다.

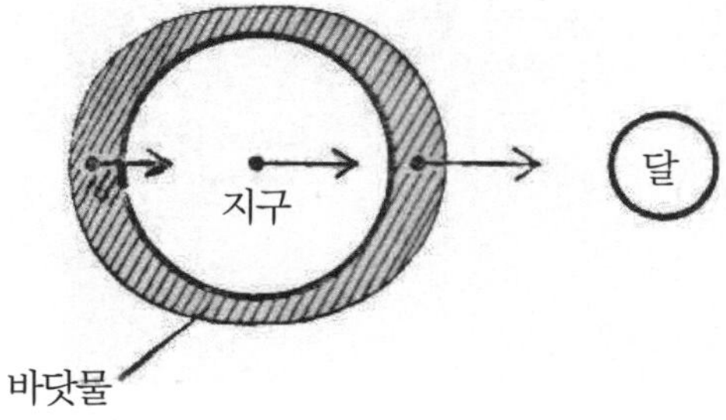

또 실제로는 달의 인력 외에 지구의 원심력과 태양의 인력에도 상당히 영향을 받고 있다.

【문제 8】

이 지도상의 두 개의 곡선 A, B는 무엇을 나타내고 있는 것일까?

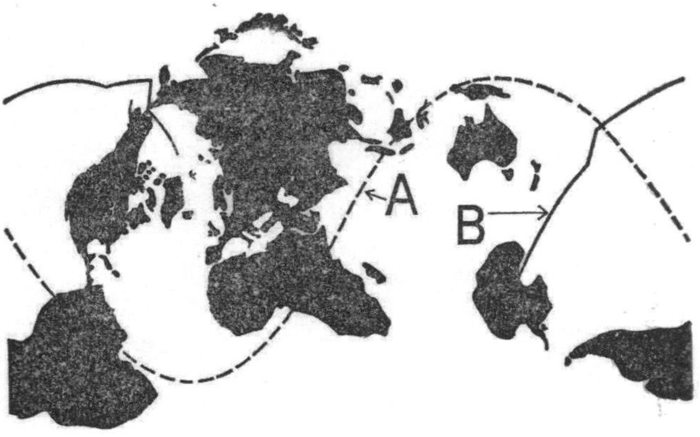

【해답】 A는 적도, B는 날짜변경선.

보통 우리들이 자주 보는 세계지도는 「메르카토르(Mercator) 도법」이라고 해서 북극과 남극을 지나는 지구의 회전축을 중심선으로 한 원통을 지구에 씌우고 지구의 중심에서 빛을 비쳐서 해안선을 원통으로 비치고 있는 방법으로 만들어져 있다. 때문에 적도에서 멀어짐에 따라서 확대율이 커지고 북극과 남극은 무한히 퍼져가게 된다. 문제에 제시된 세계지도는 같은 방법으로 그림처럼 지구의 회전축이 태평양의 일본 앞바다와 대서양의 브라질 앞바다를 지난다고 가정했을 때의 세계지도이다.

보통 익히 보고 있는 세계의 모습도 이렇게 해서 기준이 되는 점을 바꿔서 다시 본다면 달라진 형태로 보일 것이다. 보통 때는 본 적도 없는 북극해나 남극 대륙의 형태도 잘 알 수 있다. 또 이 지도라면 일본은 오스트레일리아만큼 되는 대륙으로 보인다.

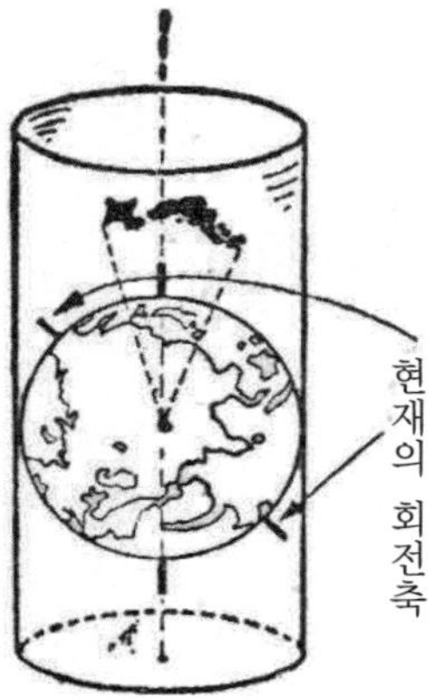

현재의 적도나 날짜변경선도 이와 같이 왜곡되어 버리는 것이다.

옛날에는 지구의 축이 지금의 것과는 달랐다는 설도 있다. 만약 일본 앞바다가 북극이 되는 일이 있다면 이 지도가 세계에서 가장 일반적인 것이 될지도 모른다.

【문제 9】

공기 중에서 수소를 관에서 내보내면서 불을 붙이면 불꽃을 내며 탄다. 그러면 수소가스 속에 관으로 공기를 불어넣고 그 출구에 불을 붙이면 불꽃이 일어나겠는가?

【해답】 불꽃이 나온다.

공기 중에서 물체가 타는 것은 공기에 물체를 태우는 산소라는 기체가 포함되어 있기 때문이다. 그러나 수소 100%, 산소 100%의 기체는 결코 불꽃이 되지 않는다. 수소와 산소를 섞어서 어떤 비율에 달했을 때 점화하여 비로소 수소가 탄다. 다시 말해서 수소가 산소와 화합하는 것이다. 공기 중에 수소가스를 내면서 불을 붙이면 관에서 나와 얼마 동안은 거의 수소 100%이기 때문에 타지 않지만, 위로 올라감에 따라서 주위에서 공기가 들어와 수소와 산소가 적당한 비율로 혼합되는 부분, 요컨대 연소 가능대가 생긴다. 그러면 그 부분은 탈 수 있는 것이다.

외기가 수소 100%로 그 속에 관을 통해서 공기를 보낸 경우도 같은 형태의 연소 가능대가 생긴다. 다만 수소와 산소의 입장이 전과 반대로 되었을 뿐 역시 비슷한 불꽃이 생긴다. 이 경우는「공기가 타고 있는」것처럼 보일지 모르지만 역시 수소가 타고 있는 것이다. 다만 이 실험은 대단히 위험하기 때문에 절대로 흉내 내지 않기를 바란다.

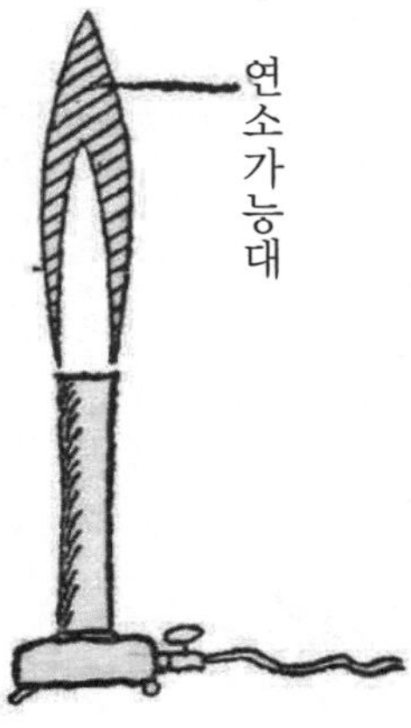

【문제 10】

새로 생긴 발전소에 대해서 두 남자가 이야기하고 있다.

A : "이번에 뒷산에 생긴 발전소는 전기 펌프를 사용해서 아래의 강에서 산 위의 연못으로 물을 끌어올려서 다시 그 물을 떨어뜨려 발전하고 있다는데."

B : "농담 같은 소리 하지 마. 그렇게 해봐야 아무 소용없어. 물을 끌어올리는 데 필요한 전력은 물을 떨어뜨릴 때 얻어지는 전력보다 큰 건 확실해. 그러니까 그렇게 한다면 전체적으로 볼 때 생기는 전력보다 사용하는 전력 쪽이 많으니까 손해 보는 거야. 그런 어리석은 짓을 전력회사가 할 리 없다구. 뭔가 잘못된 거겠지."

A : "그러나 밖에는 「양수 발전소」라는 간판이 붙어 있고 직원들한테 물어도 분명히 물을 끌어올려서 발전하고 있다는 거야."

과연 「양수 발전소」라는 것이 있을 수 있겠는가?

【해답】 있을 수 있다.

A가 말하듯이 확실히 「양수 발전소」는 있고, B가 말하는 「손해 보는 것」도 분명하다. 그러면 손해 보는 것을 왜 일부러 운영하고 있는가. 전화위복이 될 수 있는 시점의 전환이 필요하다.

실은 이 발전소는 발전능력은 가지고 있지만 일종의 「축전소」인 것이다. B가 말하듯이 발전 총계로서는 손해보고 있는데, 감히 이와 같은 방식을 취하고 있는 것은 전기라는 에너지가 석유, 가스처럼은 용이하게 저장할 수 없다는 데 원인이 있다.

보통의 수력발전이나 화력발전을 일정하게 운전하고 있으면서 수요와 공급이 균형을 이루고 있다면 문제는 없는데, 전력의 수요는 시각에 따라서 크게 변동한다. 수요가 클 때는 풀가동해도 부족하다는 것도 생각할 수 있다. 그 때문에 심야의 수요가 적을 때는 남은 전력을 이용해서 양수 펌프로 물을 퍼올려 둔다. 그리고 필요한 때의 발전에 대비하는 것이다.

물론 전체적으로 볼 때 손해이지만, 전기의 저장이 용이하지 않기 때문에 어느 정도의 손해는 각오하고 있는 것이다. 게다가 공급하는 쪽도 강수가 많을 때는 다 사용하지 못할 정도로 발전량이 남아돌아가거나 적을 때는 부족하게도 된다. 그 때문에도 이 「축전소」의 의미는 크다.

【문제 11】

거의 같은 힘을 가진 두 역사가 하나의 로프의 양 끝을 잡고 끌어당기기를 하면 두 사람이 각각 힘껏 당겼을 때 로프가 끊어졌다고 한다.

그러면 같은 로프의 한쪽 끝을 큰 나무에 묶고 다른 한 쪽 끝을 사람이 당겨서 로프를 끊기 위해서는 이 두 사람과 같은 정도의 역사 몇 사람이 필요하겠는가?

【해답】 1명.

최초의 두 사람의 줄다리기를 시점을 바꿔 생각하면, 어느 한 쪽의 한 사람은 큰 나무에 묶은 경우의 큰 나무 역을 했다고 생각할 수 있다. 때문에 큰 나무에 묶은 경우에는 한 사람으로 달라진다. 큰 나무는 잡아당기지 않지만 최초의 경우의 「큰 나무 역을 한 사람」은 힘껏 당기고 있지 않은가, 양쪽에서 당기는 것이 2배나 강하게 당기고 있지 않은가, 라는 의문을 갖게 되는 사람이 있을지도 모른다. 그러나 큰 나무도 로프를 당기고 있다. 쓰러지지 않도록 뿌리로 줄기를 받치면서 당기고 있다고 생각해도 좋다.

어떤 사람이 두레박 식 우물 옆에서 이렇게 말했다고 한다.

"밧줄이 끊어질 것 같으니 한쪽 통에는 물을 가득 채워도 좋지만 양쪽에 가득 채워서는 안 된다." 이 말도 앞의 문제와 같은 이치로 잘못되어 있다는 것을 알 수 있다. 양쪽에 물을 넣고 균형이 잡혀 있는 경우나 한쪽에 물을 넣고 다른 한쪽의 밧줄을 손으로 잡고 있는 경우도 밧줄에 가해지고 있는 힘은 같은 것이다.

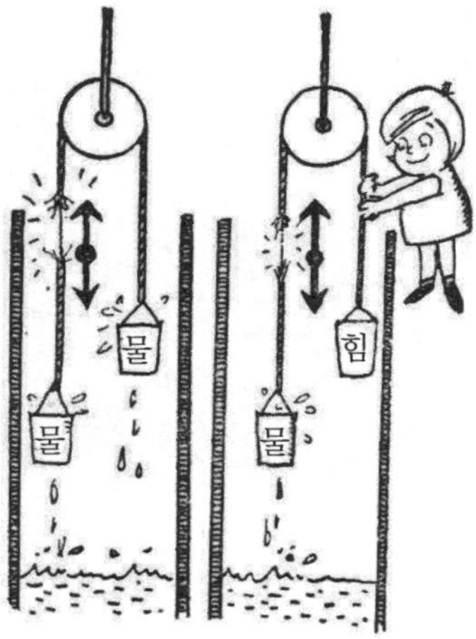

【문제 12】

시속 1,000킬로미터로 수평으로 날고 있는 제트여객기 속에서 전방의 A와 후방의 B가 권총으로 서로 쏘기를 했다 한다. 권총 A와 권총 B에서 발사된 탄환의 속도가 시속 1,000킬로미터라고 하면 A는 절대로 B를 쓰러뜨리지 못한다.

왜냐하면 A에서 발사된 탄환은 앞으로 향해 수평으로 시속 1,000킬로미터로 운동하고 있는 권총에서 뒤를 향해 수평으로 시속 1,000킬로미터로 발사되었기 때문에 속도는 플러스 마이너스 제로가 되고 바닥에 툭 떨어진다.

한편 B에서 발사된 탄환은 앞을 향해 시속 1,000킬로미터로 날고 있는 권총에서 앞으로 향해 시속 1,000킬로미터로 발사되었기 때문에 탄환의 속도는 시속 2,000킬로미터로 되어 날아간다.

때문에 서로 동시에 사격했을 때 B가 이긴다.

이것이 과연 옳은 논리일까?

【해답】 옳지 않다.

이 논의의 잘못은 시점의 설정이 애매하다는 데서 일어났다.

분명히 A에서 나온 탄환은 후방으로 향하는 속도 제로, B에서 나온 탄환은 시속 2,000킬로미터가 된다. 그러나 그것은 제트기를 밖의 지면에서 본 속도이다. 지면에서 보면 탄환 A의 속도는 제로라도 권총 B를 가진 사람이 정지해 있는 탄환을 향해서 시속 1,000킬로미터로 날아와서 부딪치게 된다. 탄환 B의 속도는 2,000킬로미터라도 권총 A를 가진 사람에게 맞을 때는 그 사람이 탄환의 진행 방향과 같은 방향으로 시속 1,000킬로미터로 후퇴하고 있기 때문에 플러스 마이너스 시속 1,000킬로미터로 맞게 된다. 요컨대 결과로서 A에서 나온 탄환도 B에서 나온 탄환도 시속 1,000킬로미터로 상대에게 맞는 것이다. 이것은 다시 생각해 보면 지상에서 두 사람이 서로 쏜 것과 아무런 변화가 없는 것이다. 시점을 바꿔서 보는 경우, 이 시점의 기준이 되는 것을 잘 파악하고 있어야 한다.

움직이고 있는 전차 안에서 두 사람이 캐치볼을 하고 있다 상상하고 전차 안에서 본 볼의 운동과 지면에서 보는 볼의 운동과를 생각해 보면 될 것이다.

<이 장의 정리>

만원 전차 안은 글자 그대로 혼잡하기 짝이 없다. 하지만 심심풀이로 자기 주위에 붙어 서 있는 사람을 세어보면 보통 만원의 정도라면 대개는 6명이나 7명이다. 옆의 사람을 둘러싸고 있는 사람의 수를 자기까지 포함해서 세면 역시 마찬가지인데, 의외로 거기에는 규칙성이 있다는 것을 생각하게 한다. 그것은 슬롯머신의 알을 판의 위에 꽉 차게 나란히 넣은 것과 같은 것이다. 이런 것도 만원 전차 안에서 사람이 받는 힘 같은 연구에 도움이 될 수도 있는 것이다. 아무튼 혼란한 만원 전차도 시점을 바꿔서 보면 언뜻 보기에 불규칙하게 보이는 것 속에 규칙성이 있다는 것을 알게 된다.

디아조늄(diazonium)이라는 유기화합물을 어떤 화합물과 화합시키면 「아조(azo) 염료」라는 염료가 생긴다. 그런데 디아조늄은 파괴되기 쉬운 물질로 빛에 비치기만 해도 분해되어 버린다. 그래서 분해가 어려운 디아조늄이 생기면 아조 염료의 제조도 쉽겠지 하고 생각할 수 있다. 이 사실을 다른 시점에서 본 어떤 사람이 생각했다. 하얀 종이에 디아조늄을 칠하고 그 위에 설계도 등을 검은 잉크로 쓴 반투명한 종이를 올려놓고 빛을 비친다. 그러면 사진의 인화지처럼 빛이 닿은 부분은 디아조늄이 파괴되고 빛이 닿지 않은 부분은 디아조늄이 남는다. 그래서 이것을 전술한 화합물과 반응시키면 이 장소에는 아조 염료가 생길 것이다. 이렇게 해서 발명한 것이 현재 한창 사용하고 있는 디아조 복사기이다. 파괴되기 쉬운 디아조늄의 성질을 반대로 이용한다고 하는 시점을 바꾼 발명의 한 예이다.

과학상의 발견에도 기술상의 발명에도 시점을 바꿈으로써 달성하게 된 성공은 대단히 많다. 시점의 전환이란 잔재주의 전술이 아니다. 현상에만 구애되었다면 본질로 육박할 수 없지만, 본질로 통하는 길이라 믿는 방법으로 나아가다가 막다른 골목에 부딪치면 다시 한 번 현상으로 돌아와서 다른 측면을 조사하여 거기서 다시 본질로 공격을 한다. 과학의 진보는 이런 시점의 전환의 반복이라고 해도 과언이 아니다.

PART 5. 변화를 파악하는 것

만물은 유전한다.

— 헤라클레이토스(Herakleitos)

<이 장의 목적>

월수 50만원의 샐러리맨이 절약해서 매월 10만원의 저축을 하고 있었다. 뜻하지 않은 행운이 찾아와서 월수 100만원으로 늘어났다. 그래서 월 60만원씩 저축할 수 있기 때문에 앞으로 1년에 720만원 저축할 수 있다고 계산했다. 그런데 1년이 지나고 보니 200만원밖에 되지 않았다. 이것은 대단한 결심을 하고 지출을 억제하지 않으면, 수입의 증가에 따라 지출이 늘 듯이 인간의 마음이 그렇기 때문이다.

자연계의 것이 되면 인간의 의지만으로 불리한 법칙에 정지 명령을 내릴 수는 없다. 예를 들면, 전기 저항이 큰 금속에 전기를 통하게 하면 금속의 온도가 올라가는 것을 막을 수는 없다. 그러나 온도가 올라가면 금속은 팽창한다. 그래서 그 금속이 늘어나면 그때까지 접촉되어 있던 전선에서 떨어지게 하면 금속판이 식어서 원래 위치로 돌아갈 때까지 전류를 끊을 수 있다. 이것은 자연의 변화를 이용해서 전열장치의 온도를 일정하게 유지하도록 연구되어 있는 것으로서 전기장판 등에 사용되고 있는 「서머 스타트」의 원리이다.

자연현상은 조건에 따라서 변화한다. 이것이 대원칙이다.

이 장에서는 그 변화를 파악하는 방법에 대해서 생각해 보자.

【문제 1】

흰자위가 단단하고 노른자위가 반숙인 달걀과 노른자위가 단단하고 흰자위가 반숙인 달걀을 만들고 싶다. 어떻게 하면 되겠는가? 또 흰자위는 80도, 노른자위는 67~68도로 완전히 굳어진다.

【해답】 노른자위의 반숙은 비등하고 있는 뜨거운 물에서 시간을 정해서 단시간에 삶을 수 있다. 흰자위의 반숙은 70도 정도로 유지한 뜨거운 물에서 장시간 삶는다.

노른자위의 반숙에 대해서는 잘 알려져 있다. 그러나 문제의 문장에 있는 것처럼 실은 노른자위 쪽이 굳어지는 온도가 낮은 것이다. 그러면 왜 노른자위의 반숙이 된 것일까. 비등하고 있는 뜨거운 물속의 달걀껍질의 바깥은 100도에 가까웠다 해도 안의 노른자위는 당장에 67도에 달하지는 않기 때문이다. 열이 전도되는 시간의 차를 이용한 것이다. 한편, 노른자위가 굳어지고 흰자위가 반숙인 달걀은 굳어지는 온도의 차이를 잘 이용하면 된다. 즉 70도 정도로 유지한 뜨거운 물속에 달걀을 장시간 넣어 둔다. 이 온도에서는 흰자위는 약간 굳어질 뿐이니까 흰자위보다 노른자위가 먼저 굳어지게 된다. 실험을 해보면 70도 정도로 유지한 뜨거운 물에서 1시간 이상은 걸리지만 노른자위는 완전히 굳어지고 흰자위는 약간 불투명하고 흐물흐물한 상태이다.

어떤 온도 이상에서 굳어지는 물질의 일정량을 열을 가하여 굳어지게 하려면 온도가 높으면 시간은 짧아도 되지만, 온도가 낮으면 시간은 길어진다. 이 경우의 온도와 시간처럼 대개의 양의 변화가 일정한 관계를 유지하고 있을 때 이 관계를 「함수관계」라 하고 물체의 변화를 파악할 때 중요한 사고방식이다. 응용문제로서 「얼음 튀김」은 어떻게 만들 것인가를 생각해 보자.

【문제 2】

깊이 1미터 정도의 통에 물이 매분 1리터 비율로 흘러 들어간다. 바닥의 구멍에서는 매분 1리터의 비율로 흘러나간다. 들어가는 양과 나가는 양이 같기 때문에 수면의 높이는 일정하게 유지되고 이 통의 경우는 10센티미터 지점에서 멎어 있다.

그런데 이 상태대로 흘러 들어가는 물의 양을 매분 2리터로 증가하면 나가는 양보다 들어가는 양이 많으므로 통의 물은 일간 흘러넘치게 된다고 생각한 사람이 있다. 이 대답은 옳은 것일까?

【해답】 옳지 않다. 구멍에서 어떤 높이까지 증가하고 그 다음은 변하지 않는다.

나오는 쪽의 물이 매분 1리터로 들어가는 물이 매분 2리터라면 조만간 넘쳐버릴 것이라고 생각하는 사람이 있을지도 모른다. 그러나 그렇게 생각하는 사람은 무의식중에 하나의 가정에 치우쳐 있다. 요컨대 이 통은 물의 양이 많든 적든 매분 1리터의 물이 흘러나오도록 되어 있다는 가정이다. 실제로는 흘러나오는 물의 양은 그 구멍에서 수면까지의 높이에 따라 변한다. 다시 말해서 수압이 높으면 매분 흘러나오는 양도 증가하는 것이다. 매분 2리터씩 들어가면 수면은 올라가 있어서 흘러나오는 양도 차츰 증가한다. 그리고 그 흘러나오는 양이 매분 2리터씩 되었을 때 들어가는 양과 나오는 양의 밸런스가 유지되어 수면의 높이는 변하지 않게 된다. 그 높이의 계산은 생략하지만 약 40센티미터가 된다. 여기서는 유입량의 변화가 유출량의 변화를 일으킨다는 점을 깨닫게 되면 된다.

그러면 물이 넘칠 걱정이 없는 깊은 수조에서 매분 흘러 들어가는 수량을 2배, 3배로 늘려도 밑바닥에서 흘러나오는 수량은 변하지 않도록 하려면 어떻게 하면 되겠는가. 예를 들면 물의 출구가 압력의 증가에 따라서 적당히 줄어드는 구조를 생각하면 될 것이다.

【문제 3】

다음 두 개의 커브(A, B)의 어느 쪽이 자동차를 운전하기 쉽겠는가?

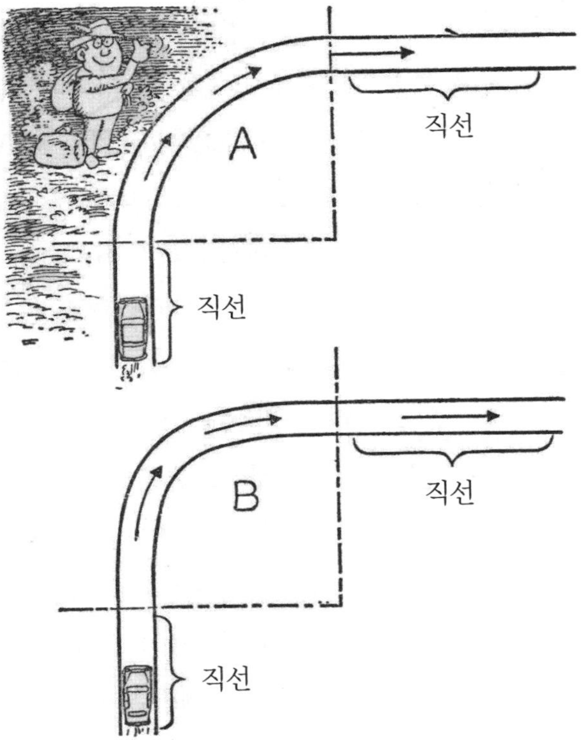

【해답】 B.

A를 운전하는 경우를 생각하면 그림 ①, ②의 부분은 직선이기 때문에 전혀 핸들을 돌릴 필요가 없다. 또 ②는 원주의 일부이므로 핸들은 어떤 각도로 한 번 세트하면 역시 핸들을 돌릴 필요가 없다. 이것만이라면 A는 운전하기 쉽게 보이지만, 직선 부분과 원주 부분을 잇는 점(★표시)에서는 다음의 핸들 각도까지 아주 급히 핸들을 돌려야 한다. 요컨대 ①에서 ②로 이동할 때 갑자기 핸들을 꺾고 ②에서 ③으로 이동할 때에도 갑자기 핸들을 제자리에 돌려놓아야 한다. 이에 대해서 B 쪽은 커브가 점점 급경사로 되어 있기 때문에 핸들은 ①에서 ②, ③으로 항상 조금씩 돌리면서 다시 ③에서 ④, ⑤로 조금씩 제자리에 돌리면 된다. 급격한 핸들 조작을 하지 않아도 되므로 일이 일시에 집중하지 않기 때문에 운전이 편한 것이다.

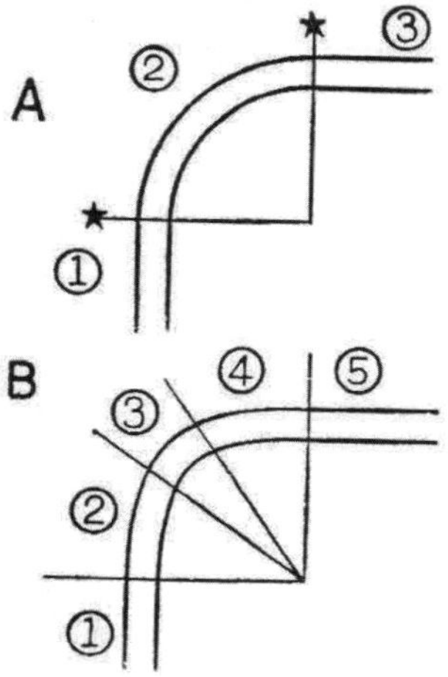

핸들을 일정한 속도로 돌리고 있을 때 자동차가 그리는 곡선을 「클로소이드 곡선(clothoid curve)」이라고 한다. B의 커브는 이 클로소이드 곡선에 가까운 것이다.

【문제 4】

부낭(浮囊)을 가지고 있는 심해어는 너무 운동이 지나쳐서 얕은 곳으로 가면 다시 깊은 곳으로 잠수할 수 없게 되고 떠올라서 죽고 만다고 한다. 왜 그럴까?

【해답】 심해어의 체내의 부낭이 너무 부풀기 때문에.

물고기에는 부낭(浮囊)이 있다. 그 내부는 바깥의 수압과 균형을 이루고 있다. 물론 안은 기체이기 때문에 수압이 2배로 되면 부피는 절반까지도 준다. 반대로 얕은 곳으로 와서 수압이 낮아지면 부낭은 부푼다. 그러면 그 몫만큼 부력이 커진다. 이에 거슬러서 깊은 곳까지 돌아갈 수 있는 동안은 괜찮지만 그 부력에 져서 더 얕은 쪽으로 가면 부낭은 다시 부풀어서 두 번 다시 심해로 돌아갈 수 없게 된다. 그것이 이유이다.

그러나 고무풍선과 마찬가지로 부낭이 부푸는 방법에도 스스로 한계가 있고 부푸는 것이 한계에 달한 상태에서 부력의 증가는 정지할 것이다. 그 점에서 헤엄쳐 돌아갈 수 있는 힘이 있으면 다행인데 그 점에 자연이 갖는 밸런스의 비밀이 있을 것 같다.

어떤 변화가 일어났을 때 그 변화를 거부하는 변화가 일어나면 안정 상태로 있을 수 있는데, 이 물고기의 부낭처럼 변화를 더 크게 하는 변화가 일어나면 대단히 불안정한 상태가 된다. 이와 같은 변화를 「정(正)의 피드백」이라 한다. **【문제 2】**의 경우는 유입량의 증가를 줄이는 변화가 일어난다. 요컨대 아래서 나오는 물의 양이 증가하기 때문에 일정한 곳에서 안정되는 것이다. 이와 같은 변화를 「부(負)의 피드백」이라 한다.

【문제 5】

한 더운 여름날의 일이다. 창을 열고 통풍을 잘한 방의 테이블 위에 모양도 크기도 같은 두 개의 컵이 놓여 있고 안에는 주스가 들어있다. 이것은 그날 아침 두 사람이 마실 작정으로 따라놓은 것이다.

그런데 급한 일이 생겨서 주스에는 손을 댈 시간도 없고 두 사람 모두 외출했다. 그 때 정리하려고 거기 있던 유리판을 하나의 컵 A에 씌워 두었다. 다른 하나의 컵 B에는 뚜껑이 없었다. 오후가 되어서 방으로 돌아와서 주스를 마시게 되었다. 어느 쪽 컵을 마시면 보다 차가운 주스를 마실 수 있겠는가?

【해답】 B.

당신은 지금까지 물은 왜 차가운 것인가 하는 간단하고도 중요한 문제에 대해서 생각한 적이 있는가. 한여름에도 예를 들면, 금붕어 어항의 물 등은 기온보다 훨씬 저온이다. 그런데 20도 정도의 보통 기온 때 뜨거운 다리미는 방치하면 기온과 거의 같아지는 점까지 식고 얼음은 방치해 두면 녹는다. 다시 말해서 자연계는 뜨겁다, 차갑다고 하는 온도차를 될 수 있는 한 없도록 변화한다. 때문에 만약 컵에 물을 넣고 책상 위에 놓아두면 그 수온은 일간 기온과 같아진다고 생각할 수 있는데, 실제로는 기온보다 훨씬 차가운 것이다. 그것은 물이 공기와 접해 있기 때문이다. 접하고 있으면 아무래도 물이 증발하려면 「기화열」이라 해서 상당한 양의 열이 필요하다. 그 열이 물에서 빼앗게 되므로 수온이 낮아지는 것이다. 따라서 물이 증발해서 도망치지 않도록 용기를 밀봉해 두면 수온은 내려가지 않고 기온과 거의 같아진다. 이것이 A 컵보다 B 컵의 주스 온도가 낮은 이유이다.

아라비아에서는 질그릇 용기에 물을 넣고 팔러 다닌다. 질그릇이라면 물이 아주 조금씩 용기 표면에 배어 나와서 증발하여 안의 물을 차갑게 유지할 수 있다.

【문제 6】

태양이 바로 지평선을 넘어가려고 할 때 그림처럼 일그러져 보일 때가 있다. 이 태양은 옆으로 부풀어진 것일까, 세로로 오므라든 것일까. 또 왜 그런 현상이 일어나는 것일까?

【해답】 세로로 줄어 든 것.

문제를 바꿔 말하면, 세로로 변화한 것인가, 가로로 변화한 것인가, 라는 것이 된다. 이렇게 생각한다면 태양이 일그러져 보이는 이유는 상세하게 몰라도 대략 짐작은 할 수 있을 것이고, 또 상세한 이유를 아는 좋은 단서를 얻을 수 있게도 된다.

다시 말해서 이 지평선 가까이에 가로 방향으로 변화하는 요소가 있는가, 세로 방향으로 변화하는 요소가 있는가, 라고 생각해 본다. 가로 방향의 변화라고 하면 지평선상의 경치 정도의 것이며 공기의 농도나 기온도 그다지 차이가 없을 것이다.

이 그림의 지평선에 해당되는 부분을 계속 걸어 보았을 때 자연조건에는 그다지 변화는 인정할 수 없을 것이다. 그러면 세로 방향은 어떤가. 지상 1미터에서 지상 1킬로미터까지 상승했다고 하자. 그때의 자연 조건의 변화는 어떻게 되겠는가. 공기의 농도, 기압, 온도에 상당한 변화를 예상할 수 있다. 요컨대 지평선상에서 가로의 변화는 거의 인정할 수 없고, 생각할 수 있는 것은 세로의 변화뿐이다. 그렇다면 이 태양도 이 세로 변화의 영향으로 인한 것이라 헤아려 추측할 수 있다. 실제로는 공기의 밀도의 차에 의한 빛의 굴절이 이 현상의 주된 원인이다. 이 현상은 「대기차(大氣差)」라 일컬으며 바로 위의 하늘에서는 거의 제로, 지평선에 가까워짐에 따라서 커진다.

【문제 7】

전국시대, 어느 성이 적에게 포위되어 고립되었다. 원군이 올 때까지 분발해야 한다. 다행히 성내에는 물이 풍부한 우물이 있었기 때문에 물에는 곤란을 받지 않았다. 그러나 식량은 눈에 보이게 줄어가고 있었다. 그래서 세 병사가 서로 언쟁을 하고 있다.

A : "식량창고의 곡식만 먹고 자라는 닭 같은 거 일찌감치 잡아먹어 버려."

B : "아니, 사람이 먹을 곡식이 줄어도 매일 달걀을 낳고 점점 닭의 무게가 늘어가니까 죽이지 않는 게 결국 득이 된다."

C : "아무리 닭이 곡식을 먹는다 해도 그 닭을 다시 사람이 먹게 되는 거니까 결국 마찬가지라구."

그런데 이 세 병사의 누가 과학적인 생각을 가지고 있다고 말할 수 있겠는가. 영양의 밸런스 등은 무시하고 단지, 에너지의 점에서만 누가 옳은가를 생각하라.

【해답】 A의 생각, 즉 죽여버리는 것이 득이라는 것이 옳다.

닭이 체내에서 만들어내는 고기와 달걀은 전부 닭이 먹은 곡식에서 만들어지는 것이다. 한편 닭이 운동하는 에너지, 체온을 유지하는 에너지도 모두 닭이 먹은 곡식에서 얻고 있다. 때문에 닭의 고기나 달걀이 닭이 먹은 곡식 이상의 에너지를 갖는다는 것은 절대로 없다. 실제 측정을 해보면 닭 한 마리가 제공하는 달걀이나 고기의 총 에너지는 그 닭이 먹은 곡식의 10분의 1 이하로 나왔다. 어른이 먹어도 먹어도 살찌지 않고 체중이 전혀 변하지 않는 경우가 있다. 이런 때는 소위 먹은 에너지의 축적은 제로이며 모두 소비되어 버렸다고 말할 수 있을 것이다.

식물은 「광합성」이라는 활동을 하여 태양 에너지를 흡수하여 에너지의 낮은 물질을 높은 물질로, 다시 말해서 탄산가스와 물을 탄수화물로 변화시킨다. 요컨대 식물은 「생산」을 하고 있는 것이 아니다. 그러나 동물은 식물이 만든 고에너지 물질을 체내에 섭취하여 자신의 활동을 위한 에너지로서 연소시키고, 반대로 낮은 에너지 물질로 바꿔버리는 「소비자」인 것이다. 이 문제에는 나오지 않지만, 성 안에 밭이 있다면 야채 등의 식물류는 될 수 있는 한 나중에까지 남겨두는 것이 좋다는 것도 이 문제에서 알 수 있을 것이다.

【문제 8】

아마추어가 모여서 괴물 영화를 만들게 되었다. 그래서 25분의 1로 축소한 빌딩 모형을 만들고 사람이 들어간 인형의 괴물이 이것을 밟아 쓰러뜨리는 신을 촬영했다.

그런데 한 컷마다의 사진을 보면 아주 진짜처럼 보이는데 막상 연속해서 영사해 보면 아무래도 진짜 같이 보이지 않고 작은 장난감이 뒤집어지고 있는 것처럼밖에 보이지 않았다. 어디에 실패 원인이 있는 것일까?

【해답】 촬영의 속도와 영사의 속도가 같았다는 것이 원인.

25미터 빌딩을 1미터로 만들고 있다. 그러나 1미터의 모형의 위에서 떨어지는 것은 보통의 촬영을 하여 그대로 영사하면 역시 지상 1미터에서 떨어지는 시간(약 0.5초)에 지상에 떨어져 버린다. 낙하하는 거리는 그 소요시간의 제곱에 비례하기 때문에 25미터의 빌딩 위에서 떨어지려면 거리가 25배이므로 시간은 5배 정도 걸릴 것이며, 이 시간적인 상위(相違)가 이 영화를 실패작이 되게 한 것이다.

이와 같은 경우, 카메라를 5배 빨리 돌려두고 보통으로 영사하면 1미터의 빌딩에서도 25미터의 빌딩이 무너진 것처럼 보이는 것이다. 영화의 괴물이 몹시 느긋하게 움직이고 있는 것처럼 보이는 것도 여기에 원인이 있다.

그 밖에도 예를 들면, 물보라는 수중에 큰 것이 떨어지든 작은 것이 떨어지든 그 물방울 하나하나의 크기는 거의 변함이 없다. 때문에 작은 모형의 비행기가 수중에 돌입했다가 올라가는 물보라는 아무리 속도를 조정해서 영사해도 진짜 비행기가 돌입한 것으로는 너무 커져버린다. 이것을 해결하려면 물 위에, 예를 들면 가솔린 등의 물보다 표면장력이 적은 액체를 뿌려 두면 작은 입자의 물보라가 된다.

【문제 9】

벌새라는 작은 새는 길이 5센티미터, 체중 2.8그램. 대단히 작다. 그런데 이 새는 체중 1그램 당 에너지 소비량이 사람의 체중 1그램 당의 에너지 소비량의 50배를 넘는다고 한다. 이 새는 하늘을 나는데 사람은 고작 땅 위를 달릴 뿐이며 애당초 노동의 양이 다르다고 생각하는 사람이 있을지 모르지만 그것을 고려하였다 해도 역시 이 차이는 너무 크다. 왜 그럴까?

【해답】 몸이 작을수록 부피에 대한 몸의 표면적의 비율이 커지기 때문에.

전체를 축척하면 부피 당 에너지 소비량은 변하지 않는 것처럼 보인다. 그러나 다만 작아지는 것, 그것만으로 작아지기 전과 비교해서 훨씬 양이 변하는 것이 있다. 한 변이 2센티미터의 주사위 표면적은 24평방센티이며 부피는 8입방센티미터이므로 1입방센티미터 당 표면적은 3평방센티미터이다. 그런데 한 변이 1센티미터의 주사위는 1입방센티미터 당 표면적은 6평방센티미터로 2배로 증가한다. 또 한 변이 1밀리미터의 입방체는 1입방센티미터 당 표면적은 60평방센티미터이다.

즉 작아지면 작아질수록 부피에 대한 표면적의 비율이 증가하는 것이다. 그런데 표면적은 이 새와 어떻게 결부되겠는가. 표면적이 크다는 것은 열의 발산량이 그에 비례해서 증가하는 것이다. 때문에 체온을 일정하게 유지하기 위해서 체내에서 대량의 연료 소비가 행해지게 된다. 체온을 유지하지 않으면 죽게 되기 때문이다.

이것으로 알 수 있듯이, 몸이 작아질수록 체온을 유지하기 어려워진다. 이 벌새나 첨서(尖鼠 : 길이 6센티미터 내외의 작은 몸에 입이 뾰족하고, 귀가 작고, 이의 끝이 빨간 쥐)라는 쥐의 일종이 체온을 유지하는 동물의 거의 한계라 일컫고 있다.

【문제 10】

섭씨 0도의 얼음과 영하 2도의 소금물이 있다. 같은 무게를 이용해서 물베개로 사용하고자 한다. 어느 쪽이 오래 유지할 수 있겠는가?

【해답】 0도의 얼음.

컵에 넣은 얼음이 녹기 시작하고 차츰 물이 고이게 된다. 이 경우, 물은 얼음이 다 녹을 때까지 온도가 올라가지 않는다. 이것은 예를 들어 1그램의 0도의 얼음을 녹여서 0도의 물로 하려면 약 80칼로리라는 큰 열량이 필요하며, 얼음이 다 녹을 때까지는 수온을 0도로 유지하고 있기 때문이다. 이 열량을 「융해열」이라 한다.

한편, 아무리 영하 2도의 소금물이라도 이것은 액체이므로 1그램에 대해서 2칼로리와 약간의 열량을 가해 주면 0도 이상이 된다. 때문에 예를 들면, 20도가 될 때까지 다른 데서 빼앗을 수 있는 열량은 얼음 쪽이 약 5배나 크다. 바꿔 말하면 얼음 쪽이 5배나 차갑게 하는 힘이 강하다고 할 수 있다.

인공위성이 대기에 재돌입할 때 유성(流星)과 같은 원리로 공기와의 마찰 때문에 대단히 온도가 높아진다. 위성(衛星)의 실내를 이 열에서 보호하기 위해 플라스틱 단열재가 붙어 있다. 이 플라스틱은 온도가 너무 높아지기 전에 녹아버리는 것을 사용한다. 그러면 녹을 때 융해열로서 대단히 많은 열을 거기서 흡수해 주기 때문에 실내 온도가 높아지는 것을 상당히 막아준다.

【문제 11】

지진은 사람이나 건물, 탈것, 수목 등 모든 것의 기초가 되어 있는 지면 자체가 흔들리는 현상이다. 모든 것이 똑같이 흔들려서 아무것도 부동의 점은 없다고 생각할 수 있다. 그렇다면 어느 정도 움직였는지를 측정하려고 해도 무엇을 기준으로 하여 재야 할지 알 수 없게 된다.

실제로는 이상과 같은 조건 하에서도 부동의 점은 생각할 수 있고, 그것을 기준으로 지진을 측정하고 있다. 무엇을 사용해서 부동의 점을 만들고 있는 것일까?

【해답】 흔들이를 사용하고 있다.

1미터 정도의 실 끝에 추를 달아 매달고 상단을 손으로 쥐고 좌우로 빨리 흔들어 본다. 그러면 추는 손의 움직임에 따라서 따라오지 않고 가만히 있다는 것을 알 수 있다. 추가 흔들릴 때는 추까지의 실의 길이가 길수록 한 번 왕복하는 흔들림의 시간 즉, 주기가 길고 이 주기보다 짧은 시간에 상단을 움직여도 추는 거의 움직이지 않는다. 지진계는 그림 (1)처럼 이 흔들이의 원리를 사용하여 부동의 점을 만들어 그것을 기본으로 하여 지진의 크기를 측정하고 있는 것이다. 보통의 흔들이는 수평방향의 흔들림밖에 모르지만, 상하의 흔들림은 그림 (2)와 같은 스프링을 이용한 지진계로 측정하고 있는 것이다.

지진이 잦은 일본 호류지(法隆寺)의 5층탑에는 제일 위의 천장에서 굵은 하나의 기둥이 매달려 있다. 이것도 흔들이의 원리와 같고 지진이 일어났을 때 이 기둥만은 흔들리지 않기 때문에 중심의 이동이 적고 잘 쓰러지지 않는 것이다.

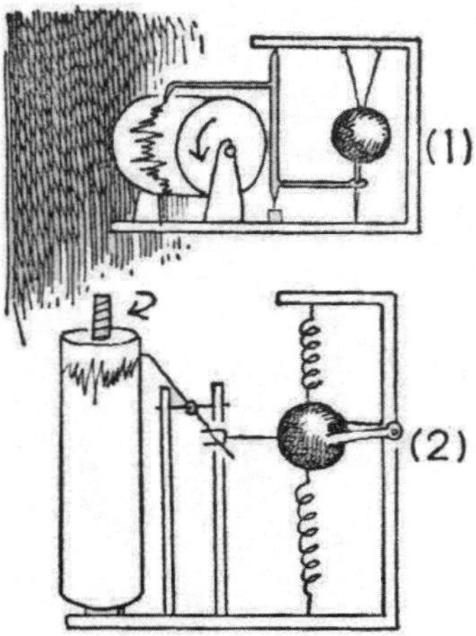

변화하는 것을 측정할 때 무엇을 기준으로 할 것인가를 우선 정하는 것이 필요하다.

【문제 12】

해저에 하나의 로프를 내려 3천 미터에 달했을 때 로프 자신의 무게로 해면 가까이에서 잘라져 버렸다고 한다.

그래서 같은 재료를 사용해서 단면적이 이전의 로프의 4배가 되는 것을 만들게 했다. 이 굵은 로프는 몇 미터의 깊이까지 내리게 할 수 있겠는가? 단, 바다는 충분히 깊은 것으로 한다.

【해답】 3천 미터.

로프의 단면적이 4배로 되면 분명히 4배의 중량에 견딜 수 있다. 그러나 로프 자체의 중량도 4배가 되기 때문에 3천 미터에서 끊어져 버린다. 다시 말해서 단면적을 4배로 했다는 것은 가는 로프를 네 개 묶었다고 생각해도 될 것이다. 한 개 한 개가 3천 미터에서 끊어지는 것이니 전체로서도 3천 미터에서 끊어져 버리게 된다.

그러면 같은 재료의 로프로는 절대로 3천 미터 이하로는 내릴 수 없을까. 굵기가 균일해야 된다고 한다면 이것은 무리이지만 길쭉한 원추형의 로프이기 때문에 그림처럼 그 선단에서 바다에 내리면 같은 밑면적이라도 원추는 원주의 3분의 1의 부피이기 때문에 해면 가까운 로프의 굵기가 같아도 보통의 로프의 3배 깊게 내릴 수 있다. 다시 말해서 9천 미터까지 내릴 수 있게 된다.

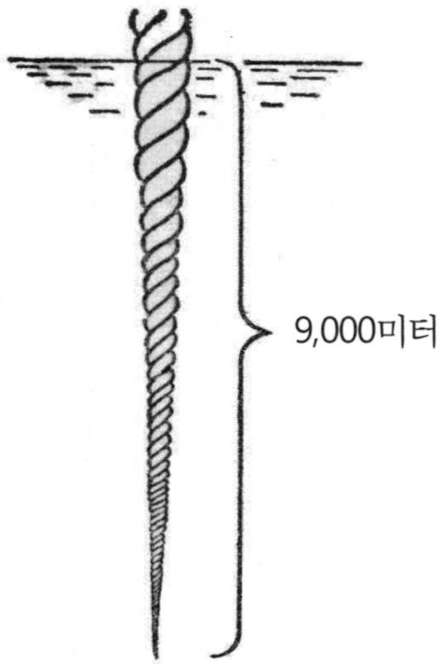

굵기의 변화, 중량의 변화, 강도의 변화 등의 관계를 파악하는 것이 이 문제의 포인트이다.

【문제 13】

컵에 물을 넣고 무게를 쟀더니 3백 그램 있었다. 그러면 그림처럼 물에 손가락을 넣으면 저울에 달리는 무게는 어떻게 되겠는가? 변하겠는가? 증가하겠는가, 아니면 감소할 것인가?

【해답】 늘어난다. 수면 아래에 있는 손가락의 부피 분의 물의 무게만큼 늘어난다.

아래 그림 같은 경우를 생각해 보자. 이 사람이 손을 놓고 수조 밑바닥에 세우면 체중 분만큼 저울의 중량에 달리는 것은 확실하다. 그러면 헤엄치면 어떨까. 역시 체중 분은 달릴 것이다. 그러면 그림처럼 로프를 잡으면 모든 로프가 체중을 지탱하게 될 것인가. 아니 목욕탕 속에서 체중이 가볍게 느껴지는 원리로 로프에 달리는 무게는 줄어 있다. 그 사람의 체중보다 상당히 가볍게 되어 있다. 그러면 체중에서 로프에 달리는 힘을 뺀 차이는 무엇이 지탱하고 있을까. 물이다. 물이 부력으로서 이 사람을 위로 들어올리고 있는 것이다. 때문에 그 몫만큼 저울의 눈금은 늘어난다.

물속에 들어가 있는 손가락은 「아르키메데스 원리」로 그 부피분의 물의 중량만 부력을 받는다. 이 위를 향한 힘은 결국 컵의 물이 주고 있는 것이니, 뉴턴의 「작용 반작용의 법칙」이며, 물이 아래로 향한 같은 크기의 힘을 받아 그것이 저울의 바늘을 움직인다고 생각할 수 있을 것이다.

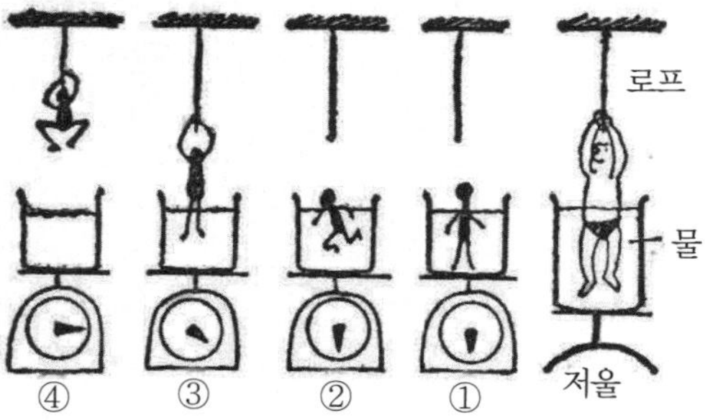

【문제 14】

반구형 용기를 그림처럼 곧장 세워서 제일 위의 내벽에 바로 옆에서 작은 구슬을 던져 넣는다. 그러면 구슬은 용기의 안쪽을 뱅그르 돌아서 반대쪽의 내벽에서 튀어나온다. 이때 구슬이 튀어나오는 방향은 ❶, ❷, ❸, ❹ 중 어느 쪽인가? 구슬 자체의 회전에 대해서는 생각하지 않는다.

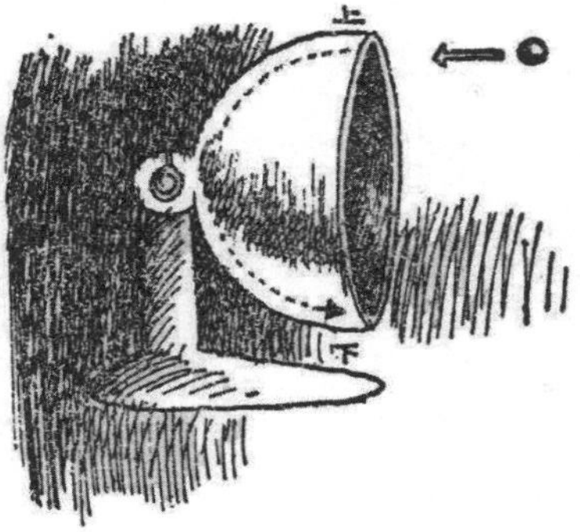

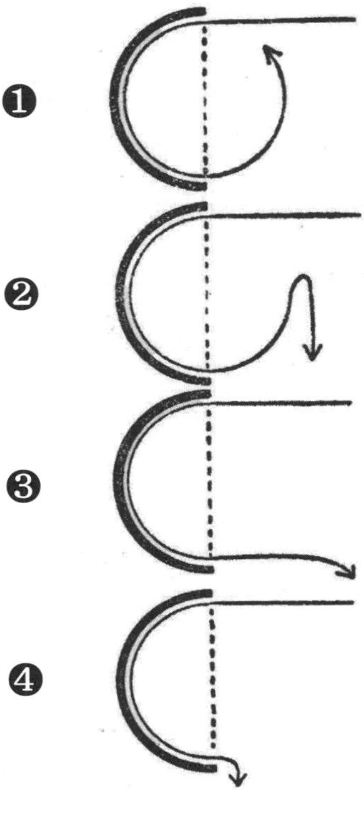

【해답】 ❸.

문제는 튀어나온 후의 운동 방향의 변화이다. 더 작은 구면을 들어서 생각해 보면 그림 (1)처럼 구면에서 튀어나오는 구슬의 운동의 방향은 그 점에서 반경으로 직각 방향이라 할 수 있다. 이 문제에서는 구면이 정확한 반구이기 때문에 구슬은 우선 수평방향으로 튀어나온다. 다시 말해서 그림 (3)처럼 수평면에서 구슬을 던진 것과 같은 것이다. 그렇다면 ❶, ❷, ❹와 같은 방향이 있을 수 없다는 것을 잘 알 것이다.

요컨대 물체를 던질 때는 그 물체에 방향과 속도와 회전밖에 줄 수가 없다. 때문에 도중에서 방향이 변한다 해도 그것은 지구의 중력에 의한다거나 구슬 자신의 회전에 의할 수밖에 없고 ❶, ❷, ❹와 같은 방향전환은 있을 수 없다. 이것은 예를 들어, 오른쪽 만화를 보고 이상하다는 것을 아는 사람이라면 누구나 일상 체험 속에서 모르는 새 배어 있는 지식일 것이다.

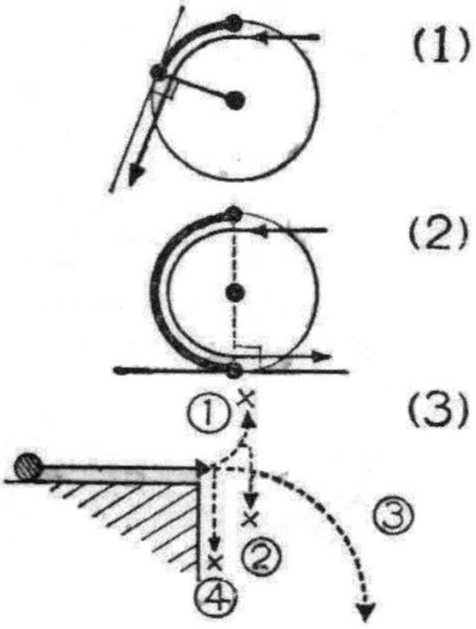

【문제 15】

왼쪽은 서커스의 공중그네의 그림이다. 지금 그네가 크게 흔들리고 있고 그 흔들리는 가장 높은 곳까지 올라갔다. 그 순간, 즉 그네가 최대 진폭에 달하는 순간에 그네에서 손을 놓았다고 한다면 그네를 잡고 있던 사람은 그림의 ❶, ❷, ❸, ❹ 중 어느 방향으로 떨어지겠는가?

【해답】 ❷

완전히 정지하기 전이라면 바로 아래보다 왼쪽으로 떨어질 것이고, 돌아가기 시작하면 바로 아래보다 오른쪽으로 떨어질 것이다. 그러나 가장 높은 곳까지 달한, 즉 최대 진폭에 달한 순간이란 나아가고 있는 것도 되돌아오는 것도 아닌 한 순간 정지된 상태이다. 이 순간, 손을 뗀다는 것은 움직이지 않은 막대에서 손을 뗀다는 것과 같은 것이다. 때문에 사람은 바로 아래로 떨어진다.

보통 서커스에서 그네에서 날아서 이동하는 장면을 보고 있으면 아무래도 ❷와 같이 떨어진다고는 보이지 않을지도 모르지만, 이것은 날아서 옮길 때 그네가 아직 최대 진폭에 달하기 전에 손을 떼고 있기 때문이다. 이렇게 하면 아직 그네의 움직임은 남아 있기 때문에 움직이는 방향, 문제의 그림에서는 ❹ 방향으로 운동하게 된다.

흔히 피에로가 떨어져 보이는 장면이 있는데, 그때는 아래에 쳐 있는 그물에서 벗어나지 않도록 반드시 ❷ 방향으로 떨어지는 방법, 즉 최대 진폭에 달한 점에서 손을 떼고 있다. 그들은 연습을 하는 동안에 이 자연의 법칙을 발견하고 이용하고 있는 것이다.

흔들린다, 되돌아온다고 하는 변화 속에 「정지한다」라고 하는 변화를 파악할 수 있다면 이 문제는 그다지 어렵지 않다.

【문제 16】

사람이 탄 인공위성이 궤도를 돌고 있는 중에 연료가 떨어졌다고 하자. 어떻게 될 것인가에 대해서 세 사람이 서로 이야기하고 있다. 어느 사람의 말이 옳겠는가?

A : "비행기와 같아서 떨어지게 되는데, 낙하산을 달고 있기 때문에 안전하게 내려올 수 있다."

B : "아니, 떨어질 때는 속도가 점점 증가하여 대단한 속도가 된다. 때문에 보통 역분사의 로켓을 분사해서 감속하는데, 그 연료까지 다 써버리면 아무리 낙하산을 사용해도 지구에 격돌하여 조종사는 죽어버린다."

C : "공중급유를 하든지 다른 우주선으로 조종사를 구출하지 않으면 조종사는 우주선 안에서 영구히 내릴 수 없게 되어 우주를 묘지로 하여 계속 돌아다니게 된다."

【해답】 C.

지구상의 공기가 거의 없는 고공에 닿는 가상의 탑 위에서 물체를 수평으로 던졌다고 생각해 보자. 속도가 충분하지 않으면 그림 ①이나 ②처럼 떨어져 버리는데, 더욱 빨리 던지면 ③처럼 아무리 떨어져도 지구에 닿지 못하게 된다. 이 상태가 인공위성이다. 지구의 인력에 끌리고 있는데 지면에 도달하지 못할 뿐이지, 떨어지는 것은 계속되고 있는 것이다. 지구의 인력이 작용하지 않으면 그림 ④의 방향으로 가버린다. 그림을 보면 B는 분명히 A보다도 「떨어지고」 있다는 것을 알 수 있을 것이다.

요컨대 인공위성의 비행은 자연낙하의 연장으로서 그 변화를 좇아보면 이해할 수 있는 것이다. 자연낙하라면 움직이는 데 물론 연료 같은 것은 소비하지 않는다. 반대로 내릴 때 연료를 사용해서 반대방향의 힘을 주고 감속하여 그림 ②와 같은 상태로 하여 내리는 것이다. 때문에 연료를 소비해 버리면 내려갈 수 없게 되고 만다. 1958년 2월 1일에 발사한 미국 인공위성 「익스플로러(Explorer) 1호」는 만 12년 동안 궤도를 돌고 1970년 5월 31일 불길에 휩싸여서 전소되었다.

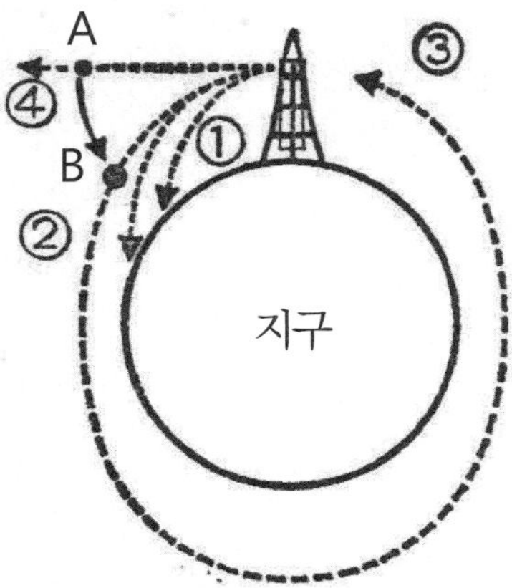

【문제 17】

지동설이 생기기 전까지는 천동설이 지배적이었으며, 지구가 우주의 중심에 있다고 생각하고 있었다. 그러나 태양계가 구명되고 지구는 이제 중심이 아니라는 것을 알았다. 다음에 태양계에 속해 있는 은하계라고 하는 성운이 해명되자, 태양도 보통의 별의 하나일 수밖에 없고 은하계의 중심이기는커녕 훨씬 벗어난 쪽에 있다는 것을 알았다. 천문학의 발달에 의해 이와 같은 「자신이 중심」이라는 사고방식은 잇따라 무너지게 되었다.

그런데 현대 천문학에서는 우주는 「팽창하는 대우주」라 일컬어지고 은하계 밖에 있는 모든 성운은 우리들의 은하계 성운을 중심으로 멀수록 빨리 후퇴하고 있다는 설을 취하고 있다. 이 설은 인류가 아직 넌더리내지 않고 자기중심의 사고방식에 구애되고 있다고 말할 수 있겠는가?

【해답】 말할 수 없다.

「우리들의 은하계 성운을 중심으로 멀수록 빨리 후퇴하고 있다.」라는 것은 어떤 성운을 중심으로 해도 그와 같이 관측할 수 있다는 것이다. 왜냐하면 고무풍선을 부풀릴 때 특정한 한 곳을 중심으로 주위 부분이 부푸는 방법을 관찰해 본다. 그러면 그 점을 중심으로 주위는 그 점에서 거리가 멀수록 빠르고 그리고 거리에 비례한 속도로 퍼져간다는 것을 알 수 있다. 이때 전혀 다른 점에 대해서도 똑같은 것을 관찰할 수 있다. 어떤 점도 그런 의미에서의 중심이 될 수 있는 것이다.

풍선은 면에 있어서의 경우이지만 공간의 경우도 마찬가지로 말할 수 있다. 「팽창하는 대우주」는 이 공간의 경우이다. 우주처럼 운동을 관찰할 때 무엇을 기준으로 하면 좋을지 모를 뭔가를 임의로 기준이라 생각할 수 있다. 이 우주관의 경우도 그 기준으로 우리들의 우주가 선택되어 있을 뿐이다.

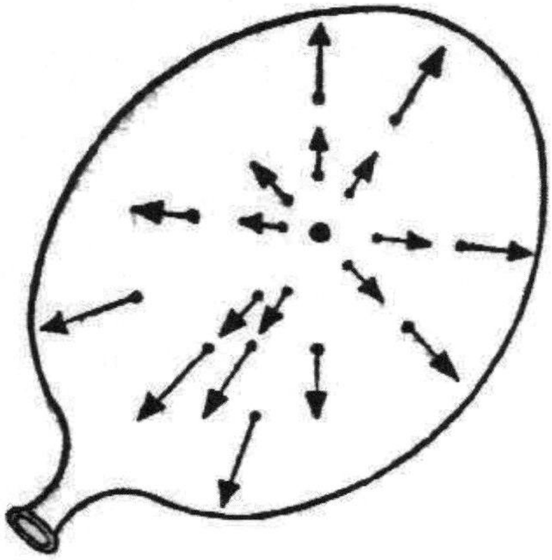

또 「팽창하는 대우주」를 설명하는 학설에는 여러 가지가 있으나, 모두 정설로 되어 있지 않은 것 같다.

<이 장의 정리>

“만물은 유전(流轉)한다.” 그리스 철학자 헤라클레이토스의 이 말은 자연의 대원칙이다. 변화를 파악함으로써 인간은 자연의 법칙을 발견하고 그 법칙을 이용해 왔다.

한 덩어리의 물체가 무엇인가? 그것은 그 물건의 변화를 파악하지 않으면 말로써는 표현할 수 없다. 태양광선을 비춰서 색을 본다. 이것도 변화를 파악하는 시작이다. 전류를 통해서 전류계의 침이 움직이면 그것은 전기를 전도하는 성질을 가진 것, 요컨대 「도체」이다. 유산이라든가 초산 등의 산을 쏟아 붓고 녹는지 안 녹는지, 가스는 나오지 않는지, 녹은 액이 어떤 색이 되는지를 조사한다. 이렇게 해서 점점 정체를 알게 된다.

17세기 프랑스 철학자 파스칼은 대기의 압력은 지구의 표면을 싸는 공기의 중량이라는 것을 발견한 한 사람이다. 한쪽을 막은 유리관에 수은을 가득히 채워서 수은 통에 거꾸로 세우면 관 속의 수은은 내려가서 일정한 높이에서 멎는다. 이것은 대기의 중량이 수은 통 표면에 가해져서 관 안으로 수은을 밀어 올리고 있는 것이라고 그는 생각했다. 이 예상을 증명하는 데 그는 「변화를 파악하는」 방법을 이용했다. 마찬가지 관을 두 개 만들어서 친구에게 퓨이 드 돔이라는 프랑스의 남부에 있는 산으로 가도록 했다. 산기슭의 한 지점에 관의 하나는 세웠다. 다른 한 개에 대해서는 산을 올라가면서 군데군데에서 수은주의 높이를 쟀다. 정상에 가까워질수록 수은주는 내려갔다. 그 기록을 하산하고 나서 산기슭에 세웠던 관의 수은주의 높이의 기록과 비교했다. 「확인하는 것」 항목에서 기술한 대조법이다. 편리하게 그날은 기압이 안정되어 있었다 하고 대조하는 상대가 되는 관의 수은주는 거의 일정한 높이로 되어 있었다. 산으로 올라간 쪽은 고도가 높아질수록 수은주가 내려가 있었다. 이 결과는 상공으로 가면 공기층이 엷어지기 때문에 대기의 중량에서 오는 압력은 작아진다. 따라서 수은주는 내려간다고 한다. 그의 예상에 꼭 일치했다. 요컨대 파스칼은 대기압의 고도에 의한 변화를 파악하고 대기의 압력의 원인을 증명한 것이다. 수은 기압계는 그 후 일기예보에도 이용하게 되었다.

자연의 「변화를 파악한다」는 것은 숨어 있는 범인을 잡을 때 상대가 밖으로 나가고 싶어지도록 조건을 변화시켜서 낚아채는 것과 비슷하다. 반대로 상대가 변화하는 것 같은 조건이 있는 경우, 그것을 간과하면 상대는 도망쳐 버린다. 자연의 변화를 발견하지 못한다면 예를 들어 **【문제 12】**의 심해에 매단 로프는 끊어지고 만다. 변화를 파악하고 본질에 접근한다. 이것이 과학의 일이며 일상생활의 지혜이기도 하다.

PART 6. 법칙을 파악하는 것

지혜는 경험의 딸이다.

— 레오나르도 다빈치

<이 장의 목적>

옛날 어느 고을에 구름이 흘러가는 것, 하늘의 무늬를 바라보고 내일의 일기를 맞히는 명인이 있었다. 한 성주가 이 사람을 작전상 유용하게 쓰려고 성으로 데리고 왔다. 그런데 성에 와서는 그의 예상은 전혀 맞지 않게 되었다고 하는 이야기가 있다. 그의 경우는 「바람이 불면 통 장사가 재미를 본다(어떤 일이 일어나면 돌고 돌다가 엉뚱한 곳에 영향이 미친다)」식의 판단과는 다르다. 자신의 경험을 정성껏 종합해서 그 공장에 관한 한 잘 어울리는 법칙을 발견했기 때문이다. 그러나 다른 고장에서는 그 법칙이 통용되지 못했다. 이와 같이 「법칙」에는 그것이 적합한 조건이라는 것이 따르는 것이다. 그러나 이 조건의 제약이 적을수록, 요컨대 될 수 있는 한 언제, 어디서나 어떤 조건에서도 적합한 법칙이 됨으로써 진짜 법칙이라 할 만한 가치가 있다 할 수 있다.

이 장에서는 사실을 잘 관찰해서 그 속에 숨어 있는 확실한 「법칙」을 뽑아내는 것을 주된 목적으로 하자. 또 「법칙」을 잘 적용함으로써 불가해한 현상을 얼마나 훌륭하게 해결해 가는가에 대해서도 생각해 보자.

【문제 1】

「아카사카」라고 녹음한 테이프를 거꾸로 돌리면 「아카사카」라고 들린다. 그런데 「아사쿠사」를 거꾸로 돌리면 「아스카사」라고 들린다. 그러면 「아카바네」라고 녹음한 테이프를 거꾸로 돌리면 어떻게 들리겠는가?

【해답】「에나비카」라고 들린다.

이 문제는「아카사카」가「아카사카」로 들리고「아사쿠사」가「아스카사」로 들린다고 하는 두 개의 현상에서 법칙을 유도하고 그것은「아카바네」에 적용하면 해결할 수 있다.「아사쿠사」의 반대가「아사쿠사」도「사쿠사아」도 아닌 왜「아스카사」가 되었는가.「아사쿠사」의 반대이니까「사」가 제일 위에 와야 할 것이다. 그것이 왜「아」가 되었는가.「사」와「아」에는 어떤 관계가 있는가. 반대로 돌렸다고는 하지만, 같은 말의 일부분임에는 틀림없다.

그렇다면 뭔가 공통점이 있는 것이 당연할 것이다. 그러면「사」속에「아」라는 음이 포함되어 있다는 것을 알게 된다. 그러면 최초의「아카사카」의「카」와「아」는 어떤가.「카」속에「아」라는 음이 포함되어 있다. 그래서 누구나 말을 모음과 자음으로 나누어 생각하면 되지 않겠는가, 라고 하는 착상을 얻을 것이다. 모음과 자음으로 나누려면 로마자로 써보면 된다.

분명히 AKASAKA의 반대는 AKASAKA가 되고 ASAKUSA의 반대는 ASUKASA가 된다는 것을 알게 된다. 문제의「아카바네」는 이 법칙을 적용함으로써 AKABANE→ENABAKA 즉,「에나비카」가 된다는 것을 알게 된다.

【문제 2】

그림 (1)처럼 붙어서 일직선으로 나란히 있는 세 개의 쇠구슬에 또 하나의 쇠구슬을 똑바로 부딪치면 부딪쳐 간 하나의 쇠구슬 및 나란히 있는 세 개의 구슬 중 두 개가 정지하고 남는다. 마찬가지로 그림 (2)처럼 네 개의 구슬에 두 개의 구슬을 부딪치게 하면 부딪쳐 간 두 개의 구슬 및 나란히 있는 네 개의 구슬 중 두 개가 정지하고 있다.

그러면 마찬가지로 그림 (3)처럼 두 개의 구슬에 세 개의 구슬을 부딪치면 어떻게 되겠는가?

또 구슬의 무게, 크기, 재질은 전부 같다고 한다.

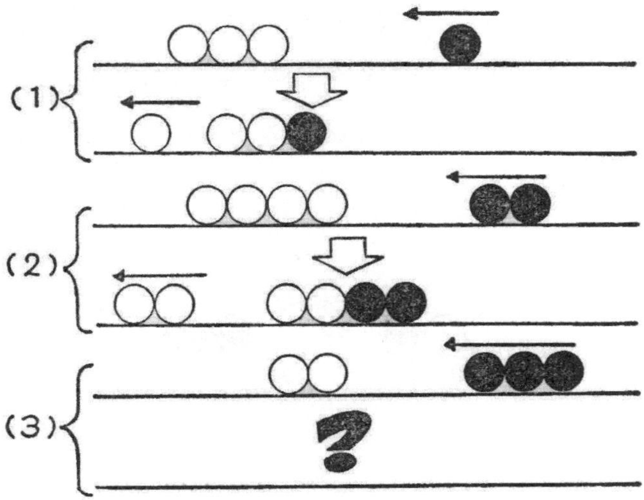

【해답】 그림처럼 부딪쳐 간 구슬 중 두 개가 남는다.

문제의 두 가지 사실에서 공통성을 유도하여 그것을 (3)에 적용하면 된다. 현상으로서는 분명히 문제의 문장에 있는 그대로이다. 그러나 (1), (2)의 그림을 자세히 보면 부딪친 구슬의 수와 튕겨져 나와서 굴러 나온 구슬의 수가 같다는 것을 깨달을 것이다. 다시 말해서 튕겨 나오지 않고 남은 구슬의 수와 부딪친 앞과 뒤가 같아지는 것이다. 요컨대 몇 개의 구슬이 굴러간다고 하는 현상이 나란히 있는 구슬에 부딪침으로써 나란히 있던 구슬의 반대쪽에 전해지고 거기에 재현된다는 것이다. 이것은 물리학에서 말하는 「운동량보존의 법칙」에서 보더라도 자명한 것이다. 부딪쳐 간 구슬의 운동량은 보존되고 그 반대쪽에 전해진다.

따라서 (3)에서는 최초 정지되어 있던 구슬은 두 개이니, 역시 두 개 정지하여 남고, 굴러온 구슬은 두 개이기 때문에 그것이 나란히 있던 구슬의 반대쪽에 전해져서 거기서 세 개가 굴러나가게 되는 것이다.

【문제 3】 그림의 점선처럼 책받침 같은 것을 세워서 그 책받침을 코 앞에 대고 좌 우 눈으로 각각 좌측 그림, 우측 그림을 보도록 한다. 그리고 두 눈에 비친 상이 겹쳐져서 하나로 보이도록 하면 안의 정사각형이 바깥 정사각형보다 떠올라서 입체적으로 보인다. 그런데,

(1) 책을 거꾸로 하고 좌우의 눈에 들어오는 상을 바꾸면 어떻게 되겠는가?

(2) 책을 거꾸로 하지 않고 좌우의 그림을 잘라내서 거꾸로 놓으면 어떻게 되겠는가?

우선, 실험을 하지 않고 생각만으로 대답하기 바란다.

【해답】 (1) 안의 정사각형은 떠올라 보인다.
(2) 안의 정사각형은 움푹 패어 보인다.

예를 들면 초콜릿의 하나하나 올라와 있는 부분의 측면은 위에서 보았을 때 좌우의 눈으로 보이는 폭이 약간 다르다. 그 차이가 우리들이 보는 데 입체감을 준다. 그래서 이 원리를 반대로 평평한 그림 위에 재현해서 좌우의 눈으로 각각 측면의 폭이 조금씩 다른 그림을 보이도록 하면 평평한 그림도 입체감을 갖게 된다. 이것이 입체사진 등에 이용되고 있는 원리이다.

이 원리를 법칙화해서 생각하면 된다. 책을 거꾸로 해도 점선에서 보고 바깥쪽의 측면의 폭이 넓은 것은 변하지 않으니 최초와 마찬가지로 떠올라 보이고 좌우를 교체하면 바깥쪽의 측면의 폭이 좁아지기 때문에 움푹 패어 보인다는 것을 알게 될 것이다.

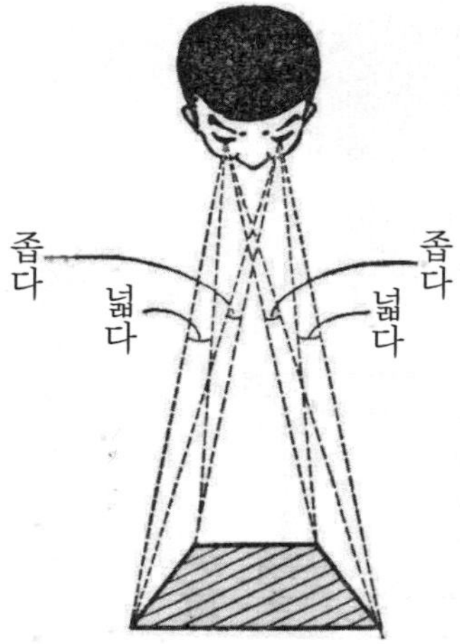

그러면 스테레오의 배선은 그대로 있고 스피커의 좌우의 위치를 교체한다면 어떻게 들리겠는가. 뒤에서 들려온다고 하는 엉뚱한 대답을 하는 사람이 있다. 이 경우는 물론 오케스트라의 편성이 좌우 반대로 되어 들려올 뿐이다.

【문제 4】

인공위성은 지구의 인력에 끌리고 있으므로 지구의 중심점을 중심으로 하는 궤도를 그린다. 지구의 자전과 같은 시간으로 같은 방향으로 지구를 도는 인공위성은 지구에서 보면 완전히 보인다. 텔레비전 중계에도 사용하고 있는 통신위성 등이 예이다.

그런데 이와 같이 정지위성을 서울의 상공에 올려서 통신이나 텔레비전 중계에 이용하려고 생각한 사람이 있다. 이 생각은 실현할 수 있겠는가?

【해답】할 수 없다.

정지위성이 가능하게 되기 위한 조건을 문제 속에서 뽑아내고 법칙화하여 서울 상공의 경우에 적용해 보면 된다. 요컨대 정지위성은 우선 지구의 위성이기 때문에 지구의 중심을 중심으로 한 궤도를 그려야 한다. 더구나 어느 특정한 지점의 위에 정지하기 위해 지구의 자전과 같은 방향으로, 지구의 자전과 같은 시간으로 움직여야 한다. 그러므로 서울 상공의 위성은 그림 (1)처럼 서울 상공과 그 지구의 바로 뒤에 해당되는 지점의 상공을 지나는 궤도를 취해야 한다.

또 지구의 자전의 방향과 똑같이 돈다는 것은 그림 (2)처럼 서울을 지나는 북위선에 따라서 이동한다는 것이다. 어떻든 서울 상공에서는 이 두 조건을 동시에 만족시키려면 적도 상의 지점밖에 없는 것이다. 우리나라의 천리안위성은 우리나라의 정지궤도 복합위성이다. 한반도가 있는 동경 126도, 지구 적도 상공 3만 5,857km에 위치하여 기상관측, 해양관측, 통신 서비스 임무를 수행한다.

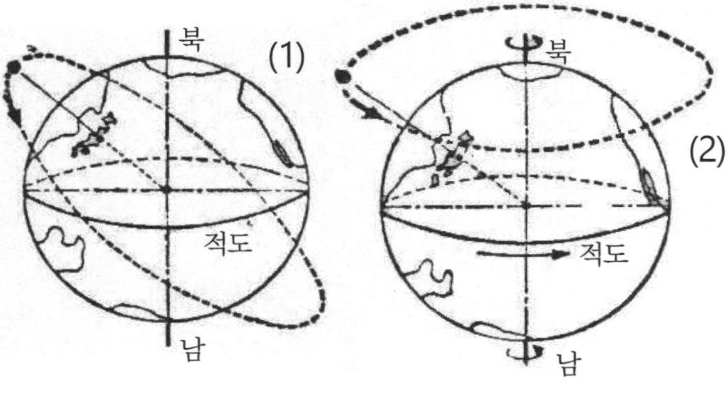

【문제 5】

다음은 한 군인의 전과(戰果)에 대한 이야기다.

"멀리서 타 타 타! 하고 기관총을 쏘는 소리가 들렸다. 놀라서 돌아다보니 그것은 초음속으로 곧장 이쪽으로 날아온 제트기가 나를 향해서 쏜 것이라는 것을 알았다. 그래서 나는 제트기가 다가오는 것을 기다렸다가 대공기총을 쏘면 멋지게 명중했다. 쾅 하고 폭발음을 내고 산산이 날아가 버렸다."

이 이야기를 믿을 수 있겠는가?

【해답】 믿을 수 없다.

초음속이란 음의 진행 속도보다 빠르다고 하는 것이다. 이것을 초음속의 제트기에서 발사된 타타타 하는 음과 쾅 하는 음에 적용해서 생각해 보자.

만약 정말로 초음속으로 날아왔다면 기관총의 타타타 라는 발사음보다 쾅하는 소리 쪽이 먼저 들렸을 것이다. 또 이야기대로 들렸다고 하면 제트기는 음속 이하의 스피드로 날고 있었을 것이다. 기관총을 쏘았을 때의 소리는 초음속인 제트기에 추월되어 제트기의 뒤를 따라올 것이다. 그 뒤에 일어난 쾅 하는 폭발음은 타타타보다 뒤에 일어난 소리이긴 하지만 이 남자에게 가까운 위치에서 나온 것이기 때문에 먼저 이 남자의 귀에 도달할 것이다. 초음속이라는 것은 소리를 추월해 버리는 것이니, 이런 기묘한 일이 일어나는 것이다. 엄밀하게 말하면 타타타라는 발사음도 최초 들리는 「타」는 최후의 발사음이 되는 것이다.

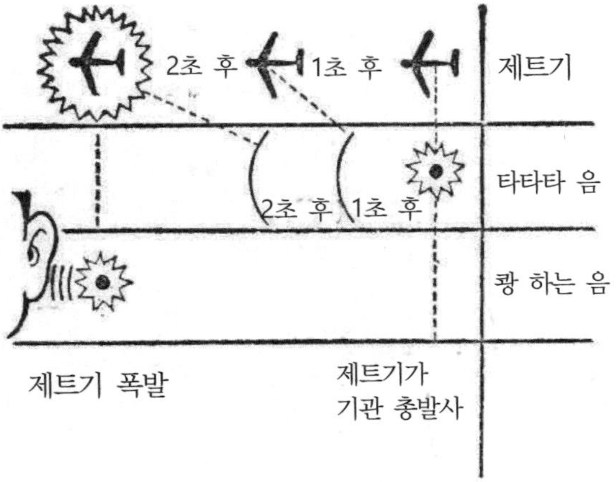

【문제 6】

폭, 세로 길이, 깊이 모두 10센티미터의 됫박이 있다. 이 안에 직경 10센티미터의 구슬은 1개, 직경 5센티미터의 구슬은 8개밖에 들어가지 않는다. 그러면 직경 1밀리미터의 구슬은 백만 개 이상 들어가겠는가? 이 문제는 금속 원자의 나열법과 깊은 관계가 있다.

【해답】 백만 개 이상, 약 140만 개 들어간다.

직경 10센티미터의 구슬, 5센티미터의 구슬의 경우에 공통적인 것을 「법칙」화하면 하나하나의 구슬이 각각 바로 위에 겹쳐 쌓여 가기 때문에 가로・세로・높이 각 100열씩 나열되고 100의 3제곱, 요컨대 100만 개밖에 들어가지 않는 것처럼 생각한다.

그러나 5센티미터보다 작은 직경의, 예를 들면 2센티미터, 1센티미터 등의 구슬을 되에 넣은 경우를 생각해 보면 반드시 모든 경우에 5센티미터의 구슬이 8개 채워지는 경우처럼 하나의 구슬이 하나의 구슬 바로 위에 쌓이는 것은 아니라는 것을 알 수 있다. 다시 말해서 이 되 안에도 충분히 작은 구슬이라면 그림처럼 구슬의 반경만 엇갈려서 채워진다는 것을 알 수 있다. 오히려 10센티미터, 5센티미터 등 큰 구슬 쪽이 이 되 안에서는 특수 케이스였다고도 말할 수 있을 것이다. 이것은 조건의 변화에 따른 새로운 법칙의 발견이다. 이 법칙을 적용하면 직경 1밀리미터의 구슬은 당연히 100만 개보다 많이 들어간다는 것을 알 수 있을 것이다.

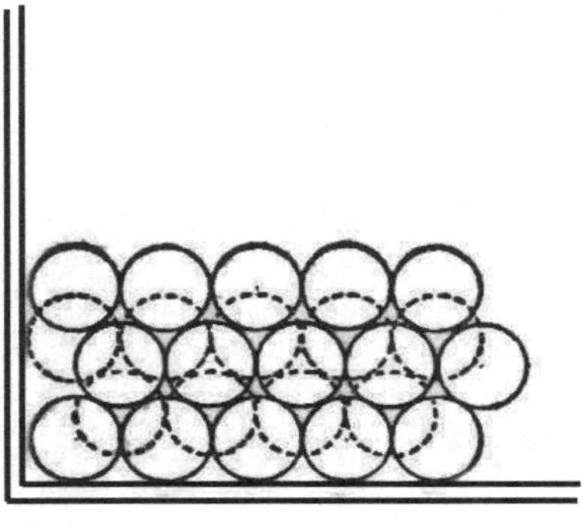

이 생각은 원자의 세계에까지 연장되어 마그네슘과 같은 금속의 원자는 이 채우는 방법으로 채워져 있다는 것이 명백해졌다.

【문제 7】

이 표는 사람의 혈액형의 유전에 대한 조사 결과를 종합한 것의 일부이다. 표에서 횡선을 그은 부분은 있을 수 없는 케이스를 표시하고 수량으로 표시하면 물론 제로이다.

그런데 이 표의 8개의 공란 중 횡선이 들어가는 것은 몇 개인가? 또 그것은 어디에 들어가겠는가?

	O	A	B	AB
①OXA	11	—	—	—
②AXA	6	18	—	—
③AXO	24	25	—	—
④BXB	5	—	28	—
⑤BXO	□	□	□	□
⑥AXB	7	11	11	9
⑦ABXO	—	15	11	—
⑧ABXA	—	11	5	10
⑨ABXB	□	□	□	□
⑩ABXAB				1

【해답】 세 개. 위치는 도표와 같다.

①에서 O에는 O의 요소밖에 없다. ②, ③에서 A에는 O와 A의 요소밖에 없다. ④에서 B에는 O와 B의 요소밖에 없다. 때문에 ⑤에서는 A와 AB가 되지 않는다. 여기서 A와 B는 서로 비슷한 성질을 가지고 있다는 것을 알 수 있다. 때문에 ⑨는 ⑧의 A가 B로 변했을 뿐이니까 ⑧과 같아진다.

20세기 초, 인간에게 혈액형이 있다는 것이 제창되고 이것이 유전한다는 것을 알게 되어 어떻게 유전하는지 여러 가지 통계가 나와 있다. 문제에 있는 것은 그 한 예이다. 그리고 그 통계에서 하나의 법칙을 발견한 것이 일본의 후루하타 다네모토 박사와 그 일행이다. 현재 ABO식 혈액형의 유전의 법칙은 혈청학적으로는 A, B, O, AB밖에 없는 것을 유전적으로는 O형이 OO, A형이 AO와 AA, B형이 BO와 BB, AB형이 AB라 기록하는 전부해서 6개의 형으로 분류하여 양친이 이 두 인자의 어느 쪽인가가 나왔을 경우, 생각할 수 있는 짜맞춤에 의해서 아이의 혈액형이 정해진다고 한다. 예를 들면 AB형 x B형에서는 B를 BO라 생각하면 될 수 있는 가능성은 AB, AO, BB, BO의 네 가지이다.

	O	A	B	AB
⑤		—		—
⑨	—			

결론으로서 O형은 가능성이 없다 하게 된다.

【문제 8】

똑같은 유리컵 A, B에 수온 10도의 물이 같은 분량 들어 있다. A에는 흰 종이를 감고 흰 종이로 뚜껑을 씌운다. B에는 검은 종이를 감고 검은 종이로 뚜껑을 한다. 이것을 양지바른 곳에 나란히 놓으면 B의 수온이 빨리 올라간다. 그러면 A, B에 80도의 뜨거운 물을 넣고 응달에 놓는다면 A, B 어느 쪽이 빨리 식겠는가? 또 기온은 20도라 한다.

【해답】 B.

양지에서는 B가 빨리 따뜻해졌다. 이 사실을 「흑은 열을 유지하기 쉽다」라고 법칙화하여 뜨거운 물을 넣은 경우도 B 쪽이 잘 식지 않는다고 생각하는 것은 잘못이다. 이것과 반대로 「뜨거워지기 쉬운 것은 식기 쉽다」라고 생각하고 B가 빨리 식는다고 생각하면 분명히 답은 정답이 된다. 그러나 속담을 적용하는 것만으로는 과학적인 사고방식이라 할 수 없다.

태양광선이 컵을 싼 종이에 비치면 흰 종이는 광선의 대부분을 반사하고 검은 종이는 대부분을 흡수한다. 흡수된 빛의 에너지는 열로 변하여 종이가 따뜻해진다. 다시 말해서 태양에서의 열의 「방사」를 받아서 물체의 온도가 올라가는 것이다. 따뜻해진 종이의 열은 유리로 전해지고, 유리에서 물로 전해져 수온이 올라간다.

A, B에 80도의 뜨거운 물을 넣으면 뜨거운 열은 컵의 유리로 전해지고 유리에서 종이로 전한다. 따뜻해진 종이는 열을 공기로 전하는데, 그 밖에 공기가 있고 없고 관계없이 주위의 공간에 열을 방사한다. 접해 있는 공기에 열을 전한다는 점에서는 흰 종이나 검은 종이나 같지만 방사의 방법은 다르다. 검은 쪽은 빛을 흡수하고 따뜻해지는 것이 빠르지만, 받은 열을 방사하는 것도 빠르다. 컵 B의 뜨거운 물은 A보다 약간 빨리 식는 것이다.

【문제 9】

한 학교의 선생과 학생이 절로 견학을 갔을 때의 일이다. 한 선생이 매달려 있는 종의 한가운데에 머리를 넣고 종 안을 조사하고 있자, 그것을 보고 있던 장난꾸러기 학생이 그 선생을 놀라게 하려고 힘껏 종을 쳤다. 그런데 선생보다 학생 쪽이 큰 소리를 듣고 오히려 깜짝 놀랐다고 한다. 이런 일이 있을 수 있겠는가?

【해답】 있을 수 있다.

소리는 파장이며 파장은 서로 강하게 하는 경우도 있지만 서로 지우는 경우도 있다는 것을 알게 되면 그다지 의외도 아니다.

매달려 있는 종을 치면 귀에 들리는 소리는 곁에 있을수록 크고 떨어질수록 작아진다. 강하게 치면 소리는 커지고 약하게 치면 소리는 작다. 이 경험 사실은 소리를 막는 벽만 없으면 법칙화해도 틀림없다. 그러나 이 법칙을 종 안에 적용해도 좋을지 하는 문제가 되면 종의 진동이 공기에 전해서 생기는 소리의 파장을 생각해야 한다.

예를 들면, 밥공기에 물을 가득 넣고 밥공기의 가장자리를 젓가락으로 두드려 파문이 생기는 방법을 관찰해 보자. 파문은 밥공기 주위에서 중심으로 향하여 몰리고 중심부에서는 서로 지워서 없어져 버리는 경우가 있다. 이것과 마찬가지로 선생이 서 있던 종의 중심부에서는 주위에서 나오는 소리의 파장이 서로 지워서 대단한 소리로는 들리지 않는 경우도 있다. 반대로 학생이 서 있었던 곳은 종을 치는 옆, 요컨대 종의 진동이 가장 큰 방향이 되고 귀 고막이 찢어질 것 같은 소리가 난다.

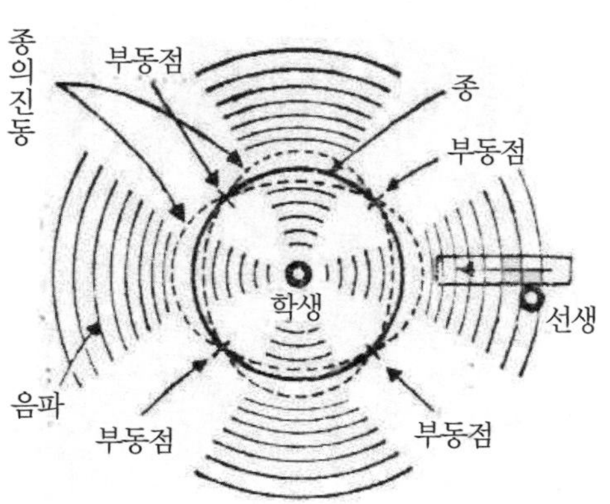

【문제 10】

크고 작은 두 개의 쇠구슬을 그림처럼 물속에서 동시에 떨어뜨리면 큰 쪽이 빨리 가라앉았다. 대소 두 개의 유리구슬도 역시 큰 쪽이 빨리 가라앉았다. 그러면 대소 두 개의 우무로 만든 구슬인 경우 큰 구슬과 작은 구슬은 어느 쪽이 빨리 가라앉겠는가?

【해답】 작은 구슬.

쇠구슬과 유리구슬의 경우 공통 사실을 법칙화하여 우무의 경우에 적용해도 될 것인가. 같은 크기의 쇠구슬, 유리구슬, 우무구슬의 세 개를 물속에 동시에 낙하시키면 어떻게 되겠는가. 우무는 가라앉기는 가라앉지만 비중은 적다. 물보다 비중이 적은 목제 구슬이라면 가라앉지 않고 떠버린다. 우무라면 물과 비중의 차이가 적어서 가라앉는 속도는 느릴 것임에 틀림없다. 큰 구슬과 작은 구슬을 비교하면 액체에서 받는 저항은 표면적이 클수록 크다. 즉 반경의 제곱에 비례하는데 가라앉히는 힘은 무게에 비례한다. 다시 말해서 반경의 3제곱에 비례하므로 결국 비중이 같으면 큰 구슬일수록 빨리 가라앉는다.

추리는 여기서 막다른 골목에 달한다. 그래서 비중이 적은 우무구슬의 경우에는 가라앉을 때 구슬의 상부에 생기는 소용돌이가 구슬을 위로 밀어 올리는 힘을 만들어 가라앉는 힘의 일부를 지워버린다고도 상상할 수 있다. 이 경우, 소용돌이의 영향은 구슬이 클수록 크다. 또 쇠나 유리구슬과 물을 흡수하기 쉬운 우무구슬을 똑같이 생각해도 될 것인가. 실은 무책임한 것 같지만 저자로서도 설명을 할 수가 없다. 그러나 우무구슬은 작은 쪽이 빨리 가라앉는다는 것은 엄연한 사실이다. 독자 여러분에게 실험적 연구에 의한 결론을 기대하고 싶은 마음이다.

<이 장의 정리>

【문제 2】의 구슬 굴리기 문제를 생각하자. 문제에 주어진 두 개의 사실에 대해서 생각하면 부딪쳐 간 구슬과 같은 수만큼 정지해 있던 구슬이 튕겨져 나간다는 것이 공통되고 있다. 그래서 이 룰을 두 개의 구슬에 세 개의 구슬을 부딪친 경우에 적용시켜 본다. 정지해 있는 구슬의 수가 부딪쳐 가는 구슬의 수보다 작은 곳이 두 개의 실례와 다른 것인데, 그것은 생각하지 말고 두 개의 사실에 공통되는 룰을 적용한다. 그러면 굴러간 세 개의 구슬 중 두 개가 정지하고 하나는 그 때까지 정지해 있던 두 개의 구슬과 함께 굴러간다는 것을 생각할 수 있다. 나머지는 실제로 시험해 보도록 한다.

이런 사고방식은 소위「귀납법」이라는 추리 형식이다. 두 개 이상의 경험 사실에 공통되는 룰을 발견하고 이것을 미경험한 케이스에 적용하여 결과를 예상한다. 사실 그대로 된다면 룰을「법칙」이라 할 수 있다.

지금의 구슬 굴리기의 경우를 다른 각도에서 생각한다. 물리의 역학에는「운동량보존의 법칙」이라는 중요한 법칙이 있다. 이것을 인식하고 있는 사람에게는 이 퍼즐은 퍼즐이 될 수 없을 정도로 쉬울 것이다. 두 개의 사실을 키로서 주어지지 않아도 세 개의 슬롯머신 구슬의 운동은「보존」될 것이니 부딪친 후 굴러가는 구슬의 수는 곧 알아맞힐 수 있다. 넓은 범위에 걸쳐서 성립된다고 생각할 수 있는 하나의 명제에서 논리적으로 다른 명제를 유도하는 것이「연역」이다. 구슬 굴리기의 경우, 두 개의 사실에서 유도된

룰은 「부딪친 구슬의 수만큼 굴러나간다」라고 명제화된다. 이것은 「가설」이다. 이 가설을 생각할 때도, 또 거기서 제3의 미지의 경우의 결과를 예상할 때도 우리들은 마음속에서 「연역」을 하고 있는 것이다. 이런 의미에서는 귀납에도 연역이 포함되어 있다 해도 좋다.

「경험을 법칙화」하는 것은 생활 속에서도 과학의 연구에서도 중요한 것이다. 이 경우의 판단을 적당히 하면 「바람이 불면 통(桶) 장사가 재미를 본다.」라는 잘못이 나온다.

「법칙을 파악」하려면 여러 가지 사고방식이 있다. 이 장에서는 구슬 굴리기의 경우와는 약간 다른 사고방식도 첨가했다.

과학 퍼즐 제2부

여러분도 아인슈타인이 될 수 있다!

— 다나카 미노루

머리말

「과학퍼즐 제 2부」는 많은 사람들에게 과학의 재미, 즐거움을 맛볼 수 있게 하기 위한 책이다. 지금 학교에서 과학을 공부하고 있는 중학생이나 고교생 여러분은 퍼즐을 푸는 키가 되는 법칙을 모두 알고 있으면서도 좀처럼 풀 수 없는 경우가 있을 것이다. 그러나 문제를 곁으로 보거나 안에서 바라보면서 이것저것을 생각하고 있는 사이에 키의 사용법을 깨닫게 된다. 그리고 속 시원하게 풀었을 때의 충실감은 이에 비할 바 없다.

사회인이 되어서 과학과는 인연이 끊어진 것처럼 생각하고 있는 사람도 이 책 페이지를 어디든 좋으니 펼쳐보기 바란다. 퍼즐은 극이 흔히 있는 일상생활에서 눈에 익은 문제로 엮여져 있다. 뭔가 재미있을 것 같다, 뭘 이런 것을, 하고 고개를 갸우뚱해 보는데 풀 수 있을 것 같지도 않다. 해답 페이지를 열어보는 것은 석연치 않다.

그런 때 문득 무엇인가 떠오른다. 중학생이나 고교생 때 배운 법칙이다. 그 법칙도 입에 담아 말할 수 있을 정도로 확실히 기억하고 있는 것은 아니지만, 문제를 푸는 키가 될 것 같다. 대수롭지 않은 재치가 여러분에게 이 키를 사용하게 해 주는 것이다.

문제를 풀어놓고 보면 실생활에 관계는 없어도 역시 유쾌하다. 그리고 여러분의 머리에 옛날에 배운 과학이 되살아나는 것이다. 과학의 법칙이라 해도 이 책의 퍼즐을 푸는 키가 되는 것은 과학의 ABC와 같은 것이다. 겁내지 말고 대담하게 도전하기 바란다.

그런데 이와 같은 효능 있는 책을 읽은 여러분 중에서 재빨리 다음과 같은 반대 의견이 나올 것 같은 느낌이 든다.

첫째, 반대 의견—될 수 있는 한 퍼즐은 재미있을 것이다. 그러나 그로 인해서 과학의 ABC를 잘 알았다 해도 아무 소용도 없다. 왜냐하면 현대과학은 아마추어로서는 기댈 데도 없을 정도로 발달되어 있지 않은가.

과학의 성과는 분명히 아마추어에게도 이용할 수 있다. 버튼을 누르고 채널을 돌리면 원하는 텔레비전 방송을 볼 수 있듯이. 그러나 그 이유는 전혀 몰라도 상관없는 것이다.

둘째, 반대 의견—나는 과학을 즐긴다든가 과학을 안다는 것에 대해 요즘 덧없음을 느끼는 것이다. 오래된 일이지만, 영국의 「시험관 베이비」도 과학의 성과임에는 틀림없다.

그러나 이런 것이 실패 없이 할 수 있게 되었다면 인간의 모럴은 어떻게 되어 가겠는가. 정말 걱정이다. 원수폭이니 중성 폭탄 등 오싹할 무기도 과학자가 손을 빌려주지 않고서 가능할 리가 없다. 차라리 자연과학 따위 없어져 버리라고 말하고 싶어질 정도이다. 정말 그렇게 된다면 인류는 당장에 곤란해질 것은 너무나 뻔한 일이며, 나는 그렇게 생각하는 것이다.

이 머리말 속에서 당치않은 이유를 내세워 억지 부리는 이런 반대론에 답하는 것은 그만두기로 하자. 그 대신 나는 이렇게 말하고 싶다. 퍼즐을 풀어서 과학의 재미를 즐기고 있는 사이에 여러분이 과학을 보는 눈은 틀림없이 달라질 것이다.

과학에 대한 지식은 ABC에 지나지 않는다 해도 그것을 충분히 사용해서 문제를 푸는 힘이 생긴다. 그렇게 하면 신문 등에 매일처럼 보도되는 과학 시사는 내용은 약간 어려울 것 같아도 부담 없이 읽을 수 있게 된다고 생각한다. 또 어떤 사람은 지금까지 상대하지 않았던 과학의 입문서도 읽고 싶어질 것임에 틀림없다. 우리들을 둘러싸는 자연의 견해도 깊어지고 사회에서 일어나는 과학, 기술에 관계되는 사건들도 자기 나름의 눈을 통해서

옳고 그름을 구별할 줄 아는 힘을 익히게 되리라 생각한다.

버나르라는 영국의 일류 과학자가 다음과 같은 의미에 대해 쓰고 있다. 지금까지의 과학은 사회에 대해서 무책임한 과학이었다. 그러나 지금은 과학의 사회에 대해서 책임을 갖도록 하는 것이 가능하게 되었다.

그러면 누가 그렇게 시킬 수 있을까. 그것은 국민인 것이다. 과학을 이해하고 과학과 인간이나 사회의 관계되는 방법에 대해서 의견을 가질 수 있는 국민인 것이다. 버나르의 짧은 문장을 나 나름으로 해석하고 말한다면 그렇게 말할 수 있다.

서론은 어떻든 이 책에서는 우선 과학을 즐겨주기 바란다. 여러 가지 당치 않은 이유를 내세웠지만, 우리 두 사람의 저자의 바람은 단지 이것뿐이다.

이 새로운 퍼즐 「과학퍼즐 2부」는 나와 요시가하라 노부유키 씨와의 공저이다. 뛰어난 사이언스 작가로서 널리 알려져 있는 요시가하라 씨는 지혜를 짜내서 퍼즐 문제를 생각해 내고 답을 썼다. 문제도 해답도 보다시피 유머러스하다. 과학사의 연구가로 초·중·고교의 과학교육에 약간 힘써온 완고하고 융통성이 없는 머리의 나는 요시가하라 씨에게 협력해서 이와 같은 한 권의 책의 체계를 갖추었다. 때문에 유머러스하고 즐거운 부분은 요시가하라 씨의 덕택이며, 딱딱한 부분이 있으면 그것은 다나카의 탓이다.

— 다나카 미노루

프롤로그 — 과학의 정석

진공을 만든 사나이

1652년의 일이다. 독일은 마그데부르크(Magdeburg) 시의 시장이었던 게릭이 거듭 실패를 해온 한 실험에 결국 성공했다.

그는 우선 속이 텅 빈 구(球)를 절반으로 가른 반구의 구리 그릇을 두 개 만들었다. 두 개를 마주보게 하면 구의 형태가 된다. 접촉하는 데서는 공기가 새어나오지 않도록 했다. 한쪽 반구에는 파이프를 바깥쪽에서 납땜하고 파이프에는 지금의 가스관에 붙어있는 것처럼 밸브를 부착했다. 그리고 따로 한 대의 수동 펌프를 만들었다. 물을 퍼올리는 펌프가 아니라 공기를 빼내는 구조로 된 펌프이다.

게릭의 생각으로는 반구에 부착한 밸브가 부착된 파이프에 이 펌프를 연결해서 움직이면 두 개의 반구를 꼭 맞춘 구 속에 있는 공기를 빼낼 수 있다. 그렇게 하는 동안에 구 안에는 공기가 완전히 없어져서 진공이 되어버린다. 그때 파이프에 부착한 밸브를 막는다.

이렇게 되면 두 개의 반구는 밖에서 대기의 압력으로 밀어붙여져서 강한 힘으로 잡아당겨도, 두 개의 반구에 각각 말을 몇 마리 연결해서 잡아당겨도 반구는 떨어지지 않을 것이다. 해보면 실제로 그대로였다. 실험은 대 성공이다. 이 반구는 지금은 시의 이름으로 마그데부르크 반구라는 이름으로 불리고 있다.

그러나 게릭은 안의 보이지 않는 반구만으로는 만족하지 않았다. 유리 기술자에게 주문해서 유리제로 된 기묘한 용기를 만들었다. 이 유리 용기의 뚜껑을 열어서 안에 양초를 세우고 불을 붙인다. 공기가 새지 않도록 뚜껑을 하고 공기 펌프로 용기 안의 공기를 빼낸다. 일간 양초의 불꽃이 꺼져버린다는 것을 확인했다. 또 용기 안에 방울을 매달고 밖에서 방울을 흔들려고 했다. 유리 용기 속을 진공으로 하자 방울은 아무리 흔들어도 소리를 울리지 않는다는 것을 알았다.

공기를 과학화한 역사

수중에서 생활하고 있는 물고기는 평소 물을 깨닫지 못한다. 물이 없는 장소에서 무슨 일이 일어나는지를 경험하려면 물에서 밖으로 꺼내서 괴로워하게 할 것인가, 죽어버리게 할 것인가 양단간의 하나일 것이다. 공기 속에서 생활하고 있는 사람도 마찬가지 부분이 있다.

그러나 물체를 생각하는 동물인 인간은 먼 옛날부터 자신을 둘러싸고 있는 세계는 어떤 것인가를 생각하기 시작했다. 공기라는 제일 가까이 있으면서 아무렇지도 않은 존재에 대해 깨닫기 위해서도 아무래도 이 「생각하다」라는 것이 필요했다.

문화가 발전하고 지금으로부터 3천 년 전의 그리스 시대가 되면 공기는 물질이며 물질이 없는 공간 즉, 「진공」이 있을 것이라고 상상하게 되었다.

그로부터 2천 년 남짓 세월이 흐른다. 갈릴레이 만년의 제자로서 물리학자였던 토리첼리(Torricelli)는 지구를 두껍게 둘러싸는 공기가 그 중량으로 대지의 표면을 내리누르는 힘, 즉 대기의 압력을 측정하는 것을 생각해 냈다.

그래서 그가 연구한 유명한 「토리첼리의 진공」이다.

길이 약 1미터의 유리관의 한쪽 끝을 녹여서 막은 다음 수은을 가득 채운다. 이 유리관이 열려 있는 한쪽 끝을 손가락으로 막고 거꾸로 하여 수은을 넣은 접시에 넣고 손가락을 뗀다.

관 가득히 들어 있던 수은은 밑으로 내려와서 약 76센티미터의 높이에서 정지했다. 수은주의 위에는 텅 빈 공간이 생긴다. 관을 기울이면 수은주는 꼭대기까지 올라가서 빈 공간은 없어진다. 그러나 관을 세우면 본래대로가 된다.

토리첼리는 똑바로 세운 관 속의 수은주의 높이는 대기 압력이 수은을 밀어올리는 높이라고 생각했다.

수은주 위에 생기는 빈 공간, 이것은「진공」이다. 물론 거기에는 공기는 없다. 수은도 없다. 그것은 물질이 없는 공간 =「진공」인 것이다. 토리첼리는 이렇게 주장했다. 이것이 인간이 만든 최초의 진공이었다.

「사실」이 과학을 낳는다

마그데부르크 시장 게릭이 공기 펌프를 사용해서 토리첼리 진공보다 훨씬 크고 그 속에서 어떤 현상이 일어나는지 안 일어나는지를 실험할 수 있는 진공을 만들기까지는 이런 역사가 있었다. 토리첼리나 게릭의 실험은 지금은 누구나 중학생 때 한 번은 과학시간에 보았을 것이다. 진공이란 그렇게 당연하고 알기 쉬운 사실로서 받아들이고 있다.

그러나 토리첼리나 게릭의 시대에는 그렇지 않았다. 그리스의 철학자 아리스토텔레스가 생각해 낸 「진공은 존재하지 않는다.」 라는 사상이 17세기까지 완고하게 살아 있었기 때문이다. 과학자나 철학자가 「진공론자」와 진공을 부정하는 「충실론자」 둘로 나누어져 있었다고도 말할 수 있다.

그러나 한편에서는 사실을 중요시하는 과학자들은 게릭의 장치를 개량해서 착착 실험을 추진하고 있었다.

진공 속, 즉 공기가 없는 곳에서는 연소는 일어나지 않는다. 왜냐하면 물체가 연소하려면 공기가 필요하기 때문이다. 그러면 공기란 무엇인가. 진공 속에서는 방울은 소리를 내지 않는다. 왜

말이 잡아 당겨도 떨어지지 않았던 「진공」의 구(球)

그럴까? 소리가 울리려면 공기가 없어서는 안 되기 때문이다. 그러면 소리란 무엇인가.

이렇게 해서 연구는 연쇄반응처럼 퍼져갔다. 연소라는 화학 변화에 공기는 어떤 관계가 있는가. 이 문제를 파헤친 과학자들의 손으로 차츰 화학이라는 새로운 학문의 토대가 만들어지기 시작했다.

그런데 역사의 이야기는 여기서 그치고, 다음에는 과학에 특유한 사고방식, 방법에 대해서 기술해 본다. 연소와 공기의 관계, 이것을 밝힌 과학자들의 사고방식을 예로 정리해 나가고자 한다. 처음에 두 가지 실험을 소개하자.

조건의 차이를 발견한다

실험 1 : 진공 종(鐘 : 중학교나 고교에서 진공실험을 보이는 유리로 된 매다는 형태의 용기)에 공기를 넣은 채 불을 붙인 양초를 넣고, 종에 부착한 밸브를 막는다. 그러면 양초는 종 속에서 불꽃을 내고 타다가 이윽고 꺼진다.

실험 2 : 다음에는 이 종 속을 신선한 공기로 바꿔 넣고 앞에서와 같은 크기의 양초에 불을 붙여서 넣는다. 관의 밸브를 열고 공기펌프를 작용시켜서 안의 공기를 빼낸다. 양초의 불꽃은 곧 꺼진다. 타고 있는 시간은 앞의 경우에 비해서 훨씬 짧다.

실험 1과 실험 2를 비교해 본다. 신선한 공기를 넣은 같은 진공 종과 같은 공기펌프를 사용하여 양초도 같은 크기의 것을 태웠으니까 이들의 조건은 모두 같다. 조건의 차이는 1에서는 종 속에 공기를 채운 채로 해두고, 2에서는 공기를 펌프로 급속히 빼낸 것뿐이다. 실험 결과의 차이는 1에서는 양초가 얼마 동안은 타고 있었고, 2에서는 곧 꺼진다는 것이다.

그래서 결론은? 결과의 차이의 원인은 1과 2의 조건의 차이, 요컨대 공기가 있고 없다는 것을 곧 알 수 있다. 바꿔 말하면, 공기가 없으면 양초는 타지 않는다.

과학에서는 어떤 현상이 어떤 조건(원인)에서 일어나는지를 확인하기 위해 지금 말한 것과 같은 절차를 거치는 경우가 대단히 많다. 논리학의 말로는 이것을 차이법(差異法)이라고 한다.

예를 들면, 어떤 약품이 어떤 세균을 살균할 것 같다는 사실을 발견했다고 하자. 이 관계를 확인하기 위해서는 우선 세균의 배양기를 만든다. 여기에 세균을 일정량을 가해서 세균을 번식하기 쉽게 한다. 다음에 똑같은 배양기를 만들어서 같은 양의 세균을 가한다. 배양기 1에는 문제의 약품을 가하고, 배양기 2에는 아무것도 가하지 않는다. 이 두 개의 배양기를 같은 보온 상자에 잠시 넣어둔다. 일정한 시간이 지나서 배양기 1과 2를 함께 꺼낸다.

1과 2를 비교해서 1에서는 세균이 죽어버렸고, 2에서는 훌륭하게 번식하고 있었다고 하자. 그러면 문제의 약품에 세균을 살균하는 작용이 있다는 것이 증명된다. 그러나 1에서도 2에서도 세균이 똑같이 번식하고 있으면 그 약품에는 살균작용이 없다는 것이 확실해진다. 이것이 차이법이다. 또 비교하기 위해 만든 배양기 2를 과학용어로 「대조」라고 한다.

초등학생도 실은 차이법을 사용해서 실험을 하고 있다. 예를 들면, 식물의 종자에는 수분이 필요하다고 하는 사실을 검사하는 실험은 세균학자의 실험과 같다. 우선 두 개의 샬레(유리로 만든 납작한 원통형 용기)를 나란히 놓는다. 양쪽 모두 약솜을 깔고 똑같은 알갱이의 좋은 씨앗을 몇 알갱이씩 약솜 위에 나란히 놓는다. 샬레 1에는 씨앗이 물에 잠기지 않을 정도로 물을 넣는다. 샬레 2는 물기가 없이 그대로 둔다. 그리고 두 개의 샬레를 햇살이 비치지 않는 곳에 둔다.

며칠 지나서 꺼내서 비교하면 1에서는 씨앗이 발아되어 있고 2에서는 씨앗은 아무런 변화도 나타나지 않았다는 것을 알 수 있다. 만약 그렇게 되면 수분이 없으면 씨앗은 발아하지 않는다는 것은 확실하다. 틀림없이 독자도 이와 같은 차이법을 사용한 여러 가지 실험을 했던 기억이 생각날 것이다.

과학의 정석과 방법

지금 기술한 차이법이라는 것은 J. S. 밀(19세기 영국의 철학자)이라는 영국의 학자가 「논리학 대계」라는 책에 쓰고 있는 것이다. 그것은 과학의 정석의 하나, 게다가 대부분이 일상적으로 사용하는 정석이라 해도 좋다. 알기 쉽게 하기 위해 정석이라는 말로 표현했지만, 절차라고 하는 것이 한층 더 적절하다. 이 정석, 절차야말로 과학적인 사고방식의 근본인 것이다.

밀은 차이법을 귀납법의 추리의 방법의 하나라고 말하고 있다. 귀납법이라는 것은 예를 들면, 씨앗의 발아에 대해서 말한다면 발아에는 실로 여러 가지 조건(원인)이 얽혀져서 일어난다. 온도라든지, 수분, 영양 또는 일광이라든지 여러 가지 요인이 복합해서 발아를 촉진하거나 방해하거나 한다. 콩처럼 물에 듬뿍 잠기게 되면 썩어버리는 씨앗도 있는가 하면, 벼처럼 물에 덮이지 않으면 발아하기 곤란한 것도 있다.

귀납법은 원래 17세기의 영국의 철학자 F. 베이컨(Francis Bacon)—「지식은 힘」이라는 그의 말은 격언처럼 많이 사용되고 있다—이 자연과학의 진보에 불가결한 방법으로서 강조한 말이다.

자연의 진리, 법칙을 발견하기 위해서는 미리 어떤 일을 부동의 진리라고 정해놓고 덤벼들어서는 안 된다. 하나의 자연현상에 대해서도 될 수 있는 한 많은 사실을 모아서 그것을 정리하고 그 가운데서 미지의 진리를 발견해내야 한다. 그렇게 함으로써 과학은 인간에게 부와 행복을 가져다 줄 수 있는 것이다. 대체로 이러한 것을 F. 베이컨은 사회에 호소한 것이다. 사실을 모아서 정리하고 진리를 발견한다. 이것이 귀납법이다.

그러나 자연의 사실을 모아서 정리하는 데서 출발하라고 해도 그렇게 하기 위해서는 어떻게 해야 할 것인가 하는 문제가 남는다. 19세기의 J. S. 밀은 이것을 깨닫고 귀납법에 의거한 사실의 발견이나 추리의 절차를 그의 시대까지의 과학의 진보에 비추어서 명확히 한 것이다.

씨앗의 발아 이야기로 돌아가자. 한 식물의 발아에 영향이 있는 주된 요인으로서 온도 · 일광 · 수분 · 영양의 네 가지를 조사하기로 했다 하자. 그러기 위해서는 네 가지 요인을 되는 대로 섞어서 실험한다면 무엇을 조사했는지 모른다. 어떻게든 네 가지 요인을 분리해서 하나하나에 대해서 조사할 필요가 있다.

그래서 예를 들어, 우선 수분(습기)에 대해서 조사하기로 한다. 온도는 특히 높지도 낮지도 않은 상온을 택한다. 햇살은 비치지 않기로 한다. 영양물도 특히 주지 않기로 한다. 그리고 습기가 있고 없고가 발아에 어떻게 영향을 끼치는지를 실험한다.

결과로서 수분이 없으면 그 씨앗은 발아하지 않는다는 것을 알았다고 하자. 다음에 온도의 영향을 조사한다. 그러기 위해서는 수분을 주고, 영양분은 주지 않고 어두운 곳에서 조건을 갖추어 놓고 냉장고 속의 온도와 실온에서 발아의 상태를 조사하도록 하면 된다.

이와 같이 하나하나의 요인에 대해서 조사한 후에 이번에는 네 가지 요인을 여러 가지 계획적으로 섞어서 다음 단계의 실험을 시작한다. 요컨대 우선 「분석」 —발아의 요인을 네 가지로 구분하여 조사한다.—그리고 「종합」—그 요인을 다시 섞어서 조사한다.—을 한다. 그렇게 하면 씨앗이 복잡한 자연조건 하에서 어떻게 발아하는지를 파악할 수 있는 것이다.

과학적 사고법이란

과학의 절차와 방법이라는 것을 좀 더 넓은 입장에서 생각해보자. 「과학퍼즐 제1부」의 프롤로그에 「과학적인 것의 사고방식의 5단계」라는 것을 기술했다. 하나의 참고로서 현대 미국의 철학자 J. 서머빌의 설이 소개되어 있다. 그 「5단계」라는 것을 제1부와는 약간 표현을 바꿔서 해설적으로 기술하면 다음과 같이 된다.

출발점은 문제를 발견할 것. 자연이 인간에게 제시한 퍼즐을 풀기 위해 사고방식의 순서는—

(1) 「**문제를 표현한다**」: 어떤 현상이 문제인지를 애매함이 없는 명확한 말로 표현한다. 애매한 점을 남긴다면 나중에 무엇을 조사하고 있는지 알 수 없게 된다.

(2) 「**가설을 제안한다**」: 그 현상은 왜 일어나는지에 대한 예상을 「가설」로서 확실하게 표현한다. 「가설」이라고 해서 적당한 상상으로는 안 된다. 우선 그 현상을 충분히 관찰한다. 그에 서로 얽혀 있는 여러 가지 요인 속에서 어떤 것이 주요한 원인이 되어 그 현상을 일으키는지를 생각하지 않으면 가설로서 소용이 없다.

(3) 「**가설로부터 연역을 한다**」: 가설이 진이라면 문제의 현상은 어떤 조건 하에서 어떤 형태로 일어나는 것일까. 이것을 유도해내는 것이 연역이다. 이와 같은 연역은 여러 가지로 생각해 낼 수 있지만, 실험에 의해서 시험할 수 있는 것이어야 한다. 그렇다고 해서 수중에 있는 기구나 약품으로 충당할 수 있는 조건만으로 만족한다면 발전성이 없고 상식을 초월한 새로운 사실을 발견하기는 어렵다.

(4) 「**연역을 관찰이나 실험에 의해서 시험한다**」: 이것은 설명할 필요가 없다. 다만 실험이라는 것은 이상과 같이 아이디어를 세우고 정확히 순서를 따라서 행하는 것이 아니면 과학적이라고는 말할 수 없다. 생각나는 것만으로 무엇인가를 해보아도 의미 있는 사실을 발견할 수는 없다.

(5) 「**결론을 이끌어낸다**」: 가설에서 연역한 것이 사실이라는 것, 옳다는 것을 실험에 의해서 확인할 수 있다면 가설은 진이라는 것을 알 수 있는 것이다. 다만 연역한 조건의 범위 내에서 그렇기 때문에 이것으로 문제가 완전히 풀린다고 속단해서는 지나친 생각이다. 이 최종 단계에서도 어디까지나 의심과 비판의 정신이 필요하다.

서머빌의 5단계는, 이것을 「과학의 방법」이라 할 수 있는가 하면 오히려 사물의 관계를 발견하기 위한 절차라고 하는 것이 맞는지도 모른다. 절차는 물론 방법 속에 포함되어 있지만, 방법이라는 것은 자연의 본질로 좁혀가는 연구 태도와 같은 것이다.

명탐정 셜록 홈즈는 알다시피 확대경으로 범행 현장에 증거물건을 찾아다니기도 하고 자택에서 화학실험을 하거나 한다. 그의 추리에서는 서머빌의 5단계와도 비슷한 정연하고 엄밀한 수순, 절차를 볼 수 있다. 그러나 그 이전에 홈즈는 여러 가지 민족 문화나 역사나 풍속, 습관, 자연과학에 대해서 잘 종합된 넓은 지식을 가지고 있다. 그 지식을 활용해서 그는 현장에 남겨진, 그다지 의미가 있을 것 같지 않은, 그리고 하찮은 헝겊조각

속에서 범인 상의 일면을 그려낸다. 그런 점에 홈즈의 매력이 있는 것이다. 그의 시인적이고 철학자 같은 풍모는 벼락 지식의 것이 아니다.

이 책을 여러 독자가 즐기기 위해서

자연과학의 「방법」에는 홈즈의 방법과 아주 비슷한 데가 있다. 서머빌의 5단계를 활용할 수 있기 위해서는 우리들은 과학의 법칙이나 사실에 대한 지식을 가져야 한다. 그것들을 희미해진 기억에서 환기시켜야 하는 것이다.

지식이 넓어지면 그만큼 5단계의 수속을 잘 사용할 수 있을 뿐만 아니라 우리들은 자연이라는 것의 전체적인 모습을 파악할 수 있고, 높은 시점에서 자연의 비밀로 좁혀 갈 수 있을 것이다. 과학의 방법이란 그런 것이다.

이 「과학퍼즐」에서는 제1부와 약간 구성을 바꿔 보았다. 퍼즐을 푸는 실마리를 「유추」, 「비교」, 「소거」, 「극단」, 「변화」, 「비약」, 「실행」 7가지로 분류했다. 그 의미는 각각의 목적과 정리 속에서 퍼즐의 문제 등을 예로서 설명할 생각이다.

전 80문제의 퍼즐을 이 7가지 단원으로 나누고는 있지만, 분류법은 그다지 엄밀한 것이 아니다. 실제로는 하나의 퍼즐을 푸는데 하나의 방법뿐만 아니라 여러 가지 방법을 사용하여야 하는 경우가 많다. 극단적인 표현을 하면 7가지 방법은 독자의 흥미를 부추기는 것이라고도 말할 수 있을 정도이다. 그래도 이름이 붙은 방법을 눈에 익혀두면 과학의 문제를 풀기 위한 이 방법, 저 방법의 수속(방법이라 해도 좋다)을 알게 되고 나아가서는 과학에 대한 높은 시점을 여러분은 갖게 될 것이다.

이와 같이 하여 여러 가지 과학책을 읽게 되고 과학을 애호하여, 인간과 사회에서 과학의 의미와 가치를 생각하게 된다면 한 알갱이의 사금을 큰 금괴로 바꾸는 것과 같은 것이다. 저자인 우리들의 바람은 거기에 있다.

PART 1. 유추해서 생각하다

이 장의 목적

비슷한 것끼리는—유추

개다래나무라는 식물의 열매를 고양이 앞에 두면 고양이는 얼굴을 바짝 갔다 대고 마침내 군침을 흘리면서 몸을 뒤집기도 하고 이상한 몸짓을 한다. 백수의 왕 사자나 범이라면 어떨까 하고 개다래나무를 주고 실험한 학자가 있다. 과연 이들의 대형 맹수도 개다래나무 앞에서는 맥을 못 추는 모습이 되었다.

왜 이런 실험을 생각해 냈는가 하면 사자도 범도 고양이도 같은 고양이 과에 속하는 동물이기 때문이다. 이런 추리를 유추라고 한다.

「비슷한 것끼리」라는 말이 있는 것처럼 형태가 비슷하면 비슷한 체하는 것이 적지 않기 때문에 유추로서 맞는 경우가 흔히 있는 것이다. 풀기 어려운 문제에 부딪쳤을 때, 그 문제의 사물과 많이 닮았고 게다가 인과관계를 알기 쉬운 것 같은 사물을 머리에 떠올리거나 그림으로 그려 보거나 한다면 문제를 푸는 키를 발견할 수 있다. 다시 말해서 비슷한 것을 모델로 만들어 유추를 작용시키는 것이다. 이것으로 문제를 잘 풀 수 있다면 모델도 정확했다는 것이 된다.

【문제 1】

너무 더워서 견딜 수 없다. 그러나 에어컨이 없다. 그래서 방을 꼭 닫고 전기냉장고를 끌어내서 그 문을 열었다. 방 전체로서 생각한 경우 과연 온도가 내려가겠는가?

【해답】 내려가지 않는다. 유감이지만 거꾸로 더워져 버린다.

냉장고 속에는 냉매라는 물질이 있다. 이것이 기화할 때 냉장고 내에서 열을 빼앗고 압축되어 냉장고 밖의 방열기(냉장고의 뒷부분 혹은 밑 부분)에서 액화한다. 이때 열을 발하는 것이다. 방열기가 상당히 따뜻하다는 것을 실감한 사람도 많을 것이다. 요컨대 냉장고 내를 차갑게 한 것만큼 냉장고 밖으로 열을 내보내고 있다. 방안에서 냉장고의 문을 열어도 단순히 열을 이동하고 있음에 불과한 것이다. 때문에 방 전체로서는 수지가 제로. 그것만이라면 좋은데, 컴프레셔의 모터가 내는 열 등이 이에 가해지기 때문에 방의 온도는 다소 올라가는 경우도 있다. 에어컨으로 방이 차가워지는 것은 방열부를 옥외로 내고 있기 때문이다.

냉장고의 방열기가 뜨겁기 때문에 그 열교환의 상태를 유추하여 바른 답을 유도할 수 있을 것이다. 지하철을 냉방할 때 보통의 전차와 같은 냉방에서는 그 방열이 터널 내나 역을 덥게 해버린다. 그렇지 않아도 지하철의 모터나 브레이크의 마찰열이 나와서 뜨거워지는 경향이 있는 것이다. 때문에 전차 자체의 냉방은 그만두고 역이나 터널 전체를 차갑게 하고 있는 것이다. 근대적인 대형 제트기는 전차와 같은 대형 냉방기를 적재할 필요가 없다. 지상은 맹위를 떨치는 더위라도 성층권은 영하 수십 도이기 때문에 그 공기가 들어오도록 하면 되는 것이다.

【문제 2】

점보제트기가 이륙 직후 활주로에 그림자를 드리우고 있다. 이 그림자는 상공 100미터를 수평 비행하고 있을 때 지면에 드리우는 그림자와 어느 것이 크겠는가? 번호로 대답하기 바란다. 단, 시각이나 기상의 조건, 비행기의 자세 등은 같다고 생각한다.

(1) 이륙 직후의 그림자가 훨씬 크다.

(2) 거의 같다.

(3) 100미터 상공 쪽이 훨씬 크다.

【해답】 (2) 거의 같다.

태양은 지구에서 보면 훨씬 멀리 있고 그 빛이 지구에 이를 때쯤은 평행하게 되어 있다 해도 좋다. 평행광선이라면 그림자는 어디든 같은 크기로 된다. 이 단순한 사실을 깨닫게 되면 해답은 간단히 유추할 수 있을 것이다. 길을 걷고 있을 때 상공 높이 나는 비행기의 그림자 속에 한 순간 들어가는 경우가 있다. 그 시간이 아주 짧은 것은 그림자가 작아져 있기 때문이라고 생각해서는 안 된다. 비행 속도가 빠르기 때문인 것이다. 가까이 있는 전등 같은 데서는 확실히 광원에서 멀어질수록 그림자는 커진다. 이 「체험」을 그대로 확대해도 정답을 얻을 수 없는 것은 이제 알게 되었으리라 생각한다.

그러나 아무리 평행광선이라 해도 태양은 무한원의 점광원은 아니다. 지구에서 보아서 시각 0.5도 정도의 폭을 가지고 있기 때문에 그 오른쪽 끝에서 나온 빛과 왼쪽 끝에서 나온 빛과는 0.5도의 각도가 있다. 그 때문에 본영과 반영이 생겨서 희미해진다. 그 밖에 빛에는 회절(回折)이라는 현상도 있어서 뒤쪽으로 돌아가는 성질이 있기 때문에 언제나 그림자가 생기는 것은 아니다. 예를 들면, 모발을 한 가닥 하얀 종이 위에 비쳐서 종이에서 1미터 정도 떨어뜨리면 모발의 그림자는 희미해져서 보이지 않게 된다. 그런 의미에서는 상공 높은 제트기의 그림자도 희미해져 있을 것이다. 단, 비행기에서 지상에 비치는 그림자를 보면 높이에도 기인하겠지만 상당히 또렷한 그림자가 보인다.

【문제 3】

이런 비탈길이 있다. 자동차가 그 위에 브레이크를 밟고 정차해 있었다. 타이어의 아래는 각각 수평이다. 그러면 브레이크를 놓으면 이 자동차는 어떻게 되겠는가?

【해답】 아무렇지도 않다. 정상적이다.

그림만 보고 있으면 어쩐지 불안감이 있어서 비탈길에서 미끄러져 떨어질 것처럼 생각된다. 그러나 과학적 진리는 자주 감각의 기대를 어긋나게 한다. 냉정하게 생각해 보자. 차의 중량은 결국 타이어에 연직(鉛直) 방향(중력 방향)으로 전해진다. 아래 왼쪽 그림과 같이 지면이 수평이라면 타이어가 원이고 차의 축이 그 중심에 붙어 있으면 움직이기 시작할 이유는 아무것도 없다. 설사 전체가 비탈길이라 해도 타이어가 수평 지면에 올라 있기 때문에 수평 장소에 있는 것과 같은 것이다. 단, 수평 장소에 정차해 있는 것과 비교해서 뒤 타이어에 가해지는 하중은 다소 무거워져 있을 것이다. 오른쪽 그림처럼 노면이 비스듬하다면 자동차 자체의 무게는 지면을 수직으로 미는 힘과 차를 앞으로 내미는 힘으로 나누어 생각할 수 있고, 차가 구르기 시작한다는 것을 알게 되었을 것이다.

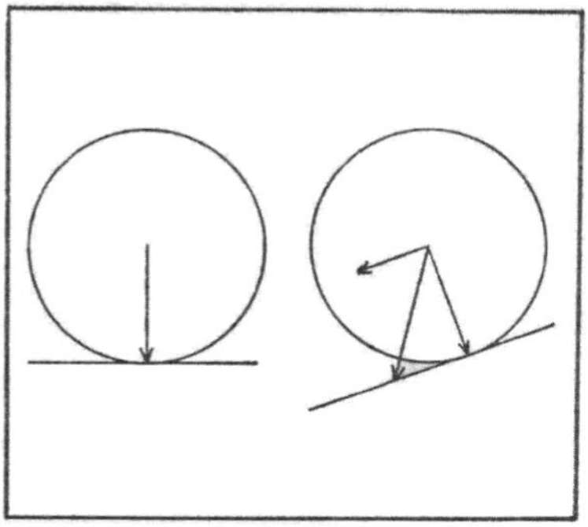

【문제 4】

그림 왼쪽이 1기압, 오른쪽이 진공인 두 개의 공을 관으로 연결했다고 하자. 물론 왼쪽에서 오른쪽으로 공기가 흘러서 양쪽이 같은 압력이 되었을 때 관내의 공기의 흐름은 멎는다. 여기서 힌트를 얻은 기술자가 다음과 같이 생각했다.

"인간이 달로 이주할 때 달에 공기가 없으면 곤란하다. 그렇다, 지구 대기 내에서 비닐 파이프를 달까지 뻗쳐서 달 표면에서 한쪽 끝을 열어 놓으면 된다. 이쪽은 1기압, 저쪽은 거의 진공이기 때문에 아무런 동력도 없이 공기를 달로 보낼 수 있다."

지구나 달의 움직임은 생각하지 않는다. 이 생각은 잘 실현할 수 있겠는가?

【해답】 실현할 수 없다.

지구의 대기는 지구의 인력에 끌려서 지구로부터 날아가지 않고 있다. 가령 비닐파이프를 달까지 건너게 했다 해도 그 안의 공기는 지구 표면의 대기가 없어지는 곳(그림의 x표)까지밖에 가지 못한다.

공기를 구성하는 산소나 질소의 분자들도 지구에서의 인력을 받아서 지구로 향해서 끌리고 있기 때문에 날 수 없는 것이며 지구가 비닐에 싸여 있는 것은 아니다. 가벼워서 운동 속도가 빠른 수소나 헬륨 등은 산소나 질소보다 훨씬 지구에서 날기 쉽다. 저온이 되면 분자는 늦어지기 때문에 더 가벼운 분자라도 정지시킬 수 있다. 목성이나 토성 같은 데서는 춥고 게다가 별이 크기 때문에 산소나 질소보다 훨씬 가벼운 메탄이나 암모니아가 끌어 당겨지고 있는 것이다.

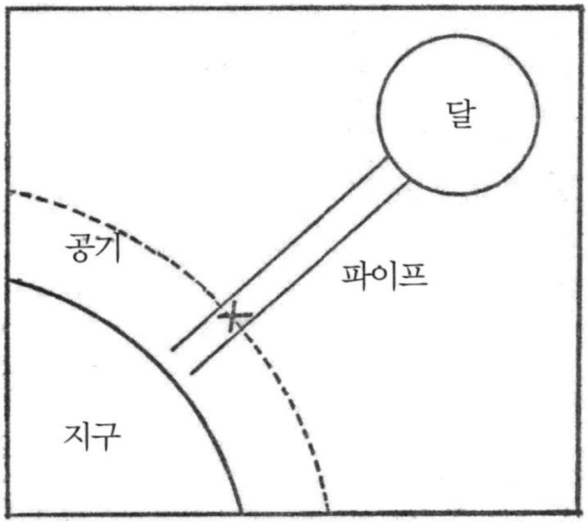

【문제 5】

저울을 그림처럼 오른쪽으로 기울이면 저울바늘은 0보다 왼쪽으로(눈금의 마이너스 쪽으로) 움직였다. 그러면 저울을 왼쪽으로 기울이면 바늘은 어느 쪽으로 움직이겠는가?

【해답】 역시 왼쪽으로 움직인다.

반대쪽으로 기울면 바늘도 반대로 흔들리지 않으냐고 생각할지도 모른다. 그러나 냉정하게 「유추」해 보면 정답은 쉬울 것이다.

저울의 접시 부분에도 물론 중량은 있다. 이 중량은 연직 방향(지면에 대해 물체를 매단 실이 나타내는 수직 방향)으로 아래로 향해 달리게 된다. 접시의 자중(自重)으로 저울의 바늘을 움직이는 용수철을 밀고 있는 것이다. 그리고 접시는 저울에 대해서 상하 방향으로밖에 움직일 수 없는 구조로 되어 있다. 이것을 기울이면(오른쪽에서도 왼쪽에서도 앞에서도 뒤에서도) 그 연직 방향으로 힘의 합성이 줄기 때문에 바늘을 움직이는 힘도 준다. 그래서 바늘의 눈금으로서는 마이너스 방향으로 향하는 것이다.

실험해 보기 바란다. 어떤 구조면 물체를 달 수 있는지를 우선 생각해 보면 거기서 중량의 연직 성분의 증감의 상태도 상상할 수 있을 것이다.

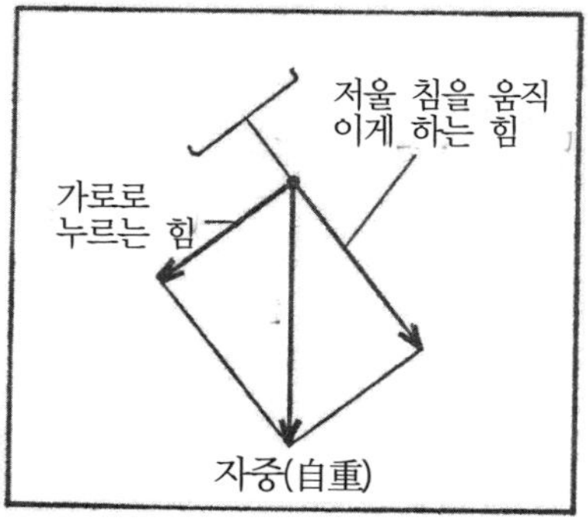

【문제 6】

0℃보다 차가운 얼음이 있는가?

【해답】 있다. 오히려 없다고 생각하는 것이 이상하다.

영하 30도의 제빙실에서 만들어진 얼음은 영하 30도가 되어 있다. 「얼음은 언제나 0도」라고 생각해서는 안 된다. 얼음은 0도에서 녹을 뿐이다. 냉각시키면 영하 50도든지 80도든지 얼리고 싶은 대로 얼릴 수 있다.

영하 30도에서 만들어진 얼음을 손으로 만지면 달라붙는 느낌이 있다. 손가락이 닿은 자리의 얼음이 손가락의 열로 인해 약간 녹은 물이 되는데 손가락 끝이 차가워져서 열을 계속 가할 수 없게 되고 주위의 영하 30도의 얼음으로 냉각되어 다시 얼음이 된다. 고체로 돌아가면 접착제와 같아서 달라붙는 것이다.

또 그런 얼음을 물속에 넣으면 탁탁 소리를 낸다. 영하 30도로 볼 때 훨씬 고온의 물속에 들어가서 바깥쪽이 따뜻해져서 팽창하여 안쪽과 신장률(伸張率)이 달라서 갈라지는 소리다. 두꺼운 컵이 뜨거운 물을 담으면 깨지는 것과 같은 이치이다.

컵 안에 넣은 얼음이 달라붙는 경우가 있다. 그래서 얼음 틈의 물이 얼음이 되어 달라붙는다고 하는 것이 주된 이유이다. 영하 30도의 얼음을 0도의 물에 넣은 경우, 약 20%나 부피가 증가한다는 계산이 나온다.

【문제 7】

텔레비전에서 올림픽의 높이뛰기를 중계하고 있다. 이것을 보고 있던 한 남자선수가 멋지게 바를 넘는 순간,

"지금 선수의 중심은 바 아래를 지났다." 라고 말했다.

이 남자의 말을 믿을 수 있겠는가?

【해답】 믿을 수 있다. 일류 선수일수록 이 방법이 멋지다.

예를 들면, 그림의 장난감(막대 위 끝에 T형으로 가로대를 대고 그 가로대 양 끝에 추를 매달아 좌우가 균형을 이뤄 막대가 넘어지지 않도록 한 장난감의 하나)의 중심은 x표로 표시한 데 있다. 때문에 이것이 손가락 끝에서 안정하고 서는 것이다. 도넛의 중심은 구멍 속에 있다. 이에서 유추하면 물체의 중심은 반드시 물체의 안에 있는 것은 아니다 라는 것을 알 것이다.

높이뛰기의 경우, 인간의 중심을 높은 데까지 가지고 가려고 하면 그만큼 많은 에너지가 필요하다는 것은 확실하다. 물론 선수는 큰맘 먹고 힘껏 지면을 차면서 높은 데까지 올라가려고 하겠지만, 그 한계까지 높이 뛰어서 이번에는 몸을 굽혀서 중심을 몸 밖으로 내보내고 다시 위쪽으로 몸을 가지고 간다. 그러면 중심이 지나는 길보다 위에 있는 바를 넘을 수도 있는 것이다. 이런 테크닉으로 「보다 높게」 뛰려 하고 있는 것이다. 그러나 뛰고 있는 본인이 그 이론을 알고 있는지는 모른다.

【문제 8】

슬라이드를 비치고 있었는데 영사기의 렌즈 위에 큰 파리가 한 마리 앉았다. 스크린 위에 비친 화면은 어떻게 되겠는가?

【해답】 다소 어두워지겠지만 대단한 영향은 없다.

스크린 위에 대형 괴물 파리의 모습이 비치면 재미있지만 그렇게는 안 된다. 렌즈 뒤쪽 필름 면에 앉으면 괴물 파리의 등장이 되는데, 렌즈 면 주위의 「형태」는 스크린에 상으로서 나타나지 않는다. 또 희미해진 얼룩이 스크린에 퍼지는 일도 없다.

대 구경 렌즈의 유리 속에 작은 기포가 있어도 상에는 거의 영향이 없다. 카메라의 렌즈 표면의 절반에 종이를 발라도 들어오는 광량이 절반이 될 뿐이고, 필름 면 전체가 어두워지긴 하지만 필름 면에 상이 절반 비치는 현상은 일어나지 않는다.

왜 그럴까? 그것은 상을 만들기 위한 광선이 렌즈 전면에 얼룩이 없이 비치고 있기 때문이다. 그것이 모여서 상을 맺는 것이니 도중에 일부 광선을 잃어도 나머지 광선만으로 다시 상을 만들 수 있다. 빛의 양과는 관계가 없는 것이다.

카메라의 조리개는 주위에서 둥글게 조여지는데, 조였다고 해서 필름 면의 상이 둥글고 주위에서 어두워지는 것은 아니다. 이것도 같은 이유이다. 단, 렌즈의 전후에 약간 떨어진 곳에 파리라든가 조리개가 있으면 그 형태가 흐려진 형태로 깎이는 현상은 일어날 수 있다. 초점이 맞지 않아서 흐려지는 사진에 조리개의 형태가 나타나는 것도 흔히 있는 일이다.

【문제 9】

장난감 잠수함을 차가운 물에 넣었더니 다음과 같은 위치에서 멎었다. 그러면 이것을 목욕탕 욕조에 담그면 어떻게 되겠는가? 더 가라앉겠는가, 아니면 떠오르겠는가? 혹은 변함이 없을까?

【해답】 더 가라앉는다.

목욕탕의 위쪽이 뜨거운 물이고 바닥은 차갑다는 경험은 누구나 있을 것이다. 그것은 물은 뜨거운 물에 비해서 물체를 뜨게 하는 힘이 크기 때문에 뜨거운 물을 뜨게 해버린 것이다. 다시 말해서 뜨거운 물 쪽이 물보다 물체를 띄우게 하는 힘은 적다고 유추할 수 있다. 그래서 잠수함은 차가운 물 때보다 약간 가라앉는다. 바꿔 말하면 뜨거운 물에 비해서 열팽창으로 약간 부피가 커져 있는 것이다……라는 것은 같은 중량의 물체의 부피가 늘면 본래보다 비중이 적어진다. 뜨거운 물은 물보다 비중이 적고, 따라서 물에 뜨는 것이다. 그리고 뜨거운 물은 비중이 적기 때문에 다른 것의 부력도 적어지고 잠수함은 물일 때에 비해 약간 잠수해 버린다. 이 원리를 이용한 것이 그림과 같은 비중계라는 유리로 된 계측기이다.

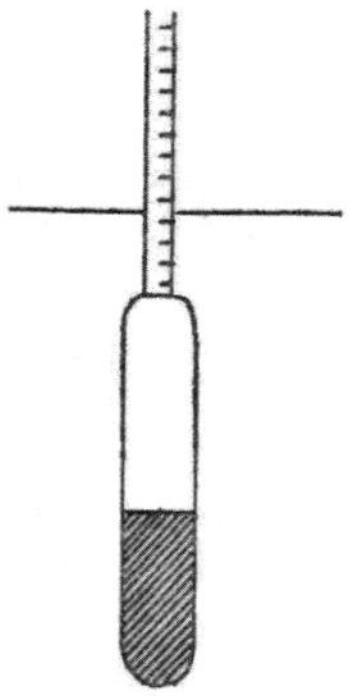

비중계

가늘고 텅 비어있는 유리관에 눈금이 있다. 아래쪽에 조그마한 추를 채운 텅 빈 구가 있다. 이것을 측정할 액에 넣는다. 액의 면이 눈금 어디까지 오는가로서 액의 비중을 아는 것이다. 깊이 들어가는 액 쪽이 비중은 적다.

【문제 10】

영국의 SF 작가 H. G. 웰즈의 소설에 나오는 투명인간은 만약 실존할 수 있었다 해도 완전히 눈이 보이지 않을 것이라고 말하는 사람이 있다. 그 과학적 근거는?

【해답】 눈의 수정체가 영상을 맺지 않기 때문에.

사람 눈에는 수정체라는 카메라에서 말하는 렌즈에 해당되는 것이 있다. 그것이 볼록렌즈로서 빛을 굴절시켜서 망막에 거꾸로의 상을 비치고 있는 것이다. 투명인간도 일단 인간과 같은 모양을 하고 있다고 하면 눈에 상당하는 곳에 같은 작용을 하는 것이 없어서는 안 된다.

그런데 빛을 거의 100% 통과시키는 볼록렌즈가 공기 중에 있다고 하자. 이것은 아무리 빛을 100% 통과시키고 「투명」하다고 해도 주위에서는 정확히 거기에 있다는 것을 알게 될 것이다. 다시 말해서 「투명」이란 보이지 않기 위한 조건이긴 하지만 투명만으로는(굴절률이 공기와 같은 매체로 만들어져 있지 않으면) 공기 중에서 보이고 마는 것이다. 그런 의미에서 우리말의 「투명인간」은 그 이야기에 맞지 않는다. 유리로 된 인체의 상은 완전히 보이는 것이니, 영어에서는 「invisible man」 직역하면 「보이지 않는 인간」이다. 이것은 조지 웰즈의 스토리에도 맞는 네이밍이라 할 수 있을 것이다. 웰즈의 투명인간의 수정체가 빛을 굴절시키고 있다면 주위에서 보이고 말 것이고, 굴절하지 않는다면 망막에 형태는 비치지 않고 영상을 맺을 수도 없다. 요컨대 진짜 투명인간은 눈이 보이지 않는 것이다. 나아가서 또 망막이 완전히 투명이라면 망막을 자극하는 에너지를 포착할 수 없다는 것이다. 이것도 눈이 보이지 않는다는 것의 근거가 될 수 있다.

【문제 11】

철도 모형은 정말로 즐겁다. 그런데 두 개의 레일에서 직류하여 왼쪽에서 오른쪽으로 달리고 있는 모형 전기기관차를 손으로 잡아서 멈추게 했다. 기관차의 앞뒤를 거꾸로 놓고 다시 레일에 놓는다면 이 기관차는 오른쪽과 왼쪽 어느 쪽으로 달리겠는가?

【해답】 본래대로 오른쪽으로 달린다.

전차가 달리고 있을 때 레일에 흐르는 직류의 플러스와 마이너스를 교체하면 모터가 거꾸로 돌고 전차는 뒤로 이동한다. 전류는 레일에서 오른쪽과 왼쪽의 차바퀴를 통해서 전차에 드나들고 있다. 지금 왼쪽에서 오른쪽을 향해서 전차가 달리고 있을 때 모터는 전차는 전차에 대해서 「전진」의 방향으로 돌고 있다. 여기서 전차를 거꾸로 하면 차바퀴에서 들어오는 전류의 플러스와 마이너스는 거꾸로 되기 때문에 모터는 거꾸로 돈다. 그러나 그것은 「전차에 대해서」 역전이며, 방향이 바뀐 전차는 뒤로 이동한다……라는 것은 왼쪽에서 오른쪽, 요컨대 본래와 같은 방향으로 달리게 된다. 거꾸로의 거꾸로는 바로(正)이다.

좌우의 레일에서 전류를 떼고 달리는 모형 전차의 그림의 오른쪽과 같은 레이아웃은 가능하지만 왼쪽의 레이아웃으로 레일을 전부 연결할 수는 없다. 왜 연결할 수 없는지 생각해 보기 바란다.

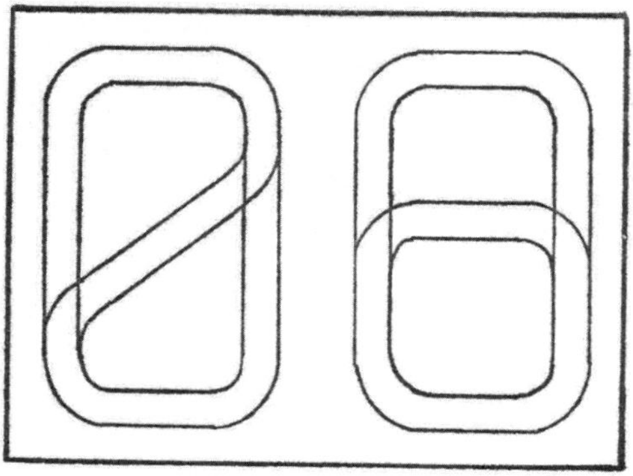

【문제 12】

도쿄에서 본 달이 보름달이었다. 이 달이 런던에서도 보였다 하고, 그 달은 어떤 달이 되어 있겠는가?

(1) 지구의 반대쪽이니까 초승달이다.

(2) 절반은 저쪽이니까 반달이다.

(3) 같다……다시 말해서 보름달이다.

【해답】(3). 역시 보름달이다.

「보름달」은 달이 지구에서 보고 거의 태양의 반대쪽에 왔을 때 일어난다. 그림에서도 알 수 있듯이, 「달이 지구에서 보고 태양의 반대쪽」이라는 것은 도쿄에서나 런던에서나 다름없다. 물론 (3)이 정답이다.

그러나 엄밀하게 말하면 런던에서와 도쿄에서는 달을 보는 각도에 불과 몇 도의 차이가 있다. 이 때문에 달이 보이고 있는 부분이 약간 다르고 한쪽에서 보름달이라 해도 또 한쪽에서 아주 약간 「이지러진 달」로 보이는 것은 일어날 수 있다. 그러나 그림 B의 방향에서 보면 반달, C 방향에서 보면 초승달로 보이는 것이며, 해답이 (2)나 (1)이 될 정도의 차이는 나타나지는 않는다. 지구상의 위치에서 보이는 것이 다른 것은 일식 때이다.

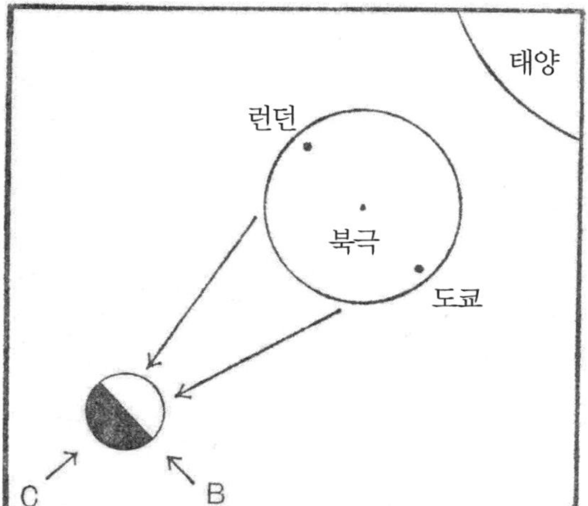

【문제 13】

아래 그림처럼 A~H의 여덟 개의 공을 매단 모빌이 있다. 지금 모든 막대기가 수평으로 되어 밸런스를 이루고 있는데, 실은 8개의 공 가운데 1개만이 외관으로는 같아도 다른 7개와는 전혀 중량이 다른 것이 있다고 한다. 그것은 어느 공이 되겠는가? 기호로 답하기 바란다.

또 막대나 실의 중량은 생각하지 않는다.

【해답】 D만이 다르다. 다른 공의 꼭 2배의 무게가 있다.

여기서 초등학교 때 과학에서 배운 것을 생각해내 주기 바란다. 지점에서 멀리 떨어진 것은 지점에 가까운 보다 무거운 것과 균형을 이룬다. 중량과 지점에서의 거리를 곱한 것이 지점의 양쪽에서 같아져서는 안 되는 것이다. 이것만 알고 있으면 그 다음은 하나하나 찾는 것뿐이다. 그러나 눈이 익숙해져 있으면 대체로 감각적으로 D의 공이 이상하다는 것을 깨닫게 될 것이다.

요즘 자주 이런 조형물을 보기 때문에 실제로 만들어 보았다. 균형이 잘 잡히게 하려면 우선 매다는 것을 전부 매달아 둔다. 지점에 해당되는 실의 위치를 고정시키지 않고 그 위치를 바꾸면서 균형점을 찾아서 풀로 고정시키면 되는 것이다. 현대 조각 등에서도 이 모빌을 이용한 것이 가끔 있다.

다만 실제로는 막대와 실의 무게를 무시할 수 없는 것이다. 추만으로는 어쩐지 이치에 맞지 않은 느낌의 곳에 지점이 오는 경우가 있다.

【문제 14】

석유공장을 견학했다. 석유를 보내는 파이프의 정글 속에서 그림과 같이 기묘한 모양의 파이프를 자주 보게 되는 경우가 있다. 이 기묘한 모양의 파이프는 어떤 의미가 있는 것일까?

【해답】 파이프 전체의 온도차에 의한 신축을 이 부분에서 흡수하기 위해서다.

철도 레일은 여름의 더위로 팽창하기 때문에 이음새에 틈을 두고 그 팽창을 흡수하고 있다. 문제의 파이프도 역시 계절 등의 온도 차로 신축(伸縮)된다. 그러나 석유 같은 것을 보내고 있는 파이프에 틈을 둔다면 내용물이 쏟아질 것이다. 그래서 이와 같은 모양의 부분을 만들어서 양쪽에서 오는 신축을 흡수하고 있는 것이다. 또 이 구조는 파이프가 길고 직선으로 뻗쳐 있는 곳에 만들어진다.

파이프가 복잡하게 구부러져 있는 곳에서는 예를 들어서 아래 그림의 경우, 점선처럼 빗나가서 신축되기 때문에 이런 구조는 필요 없다. 길게 한 줄로 뻗쳐 있는 파이프에 군데군데 넣어두면 되는 것이다. 「더우면 팽창한다」는 것은 인간만이 아닌 모양이다.

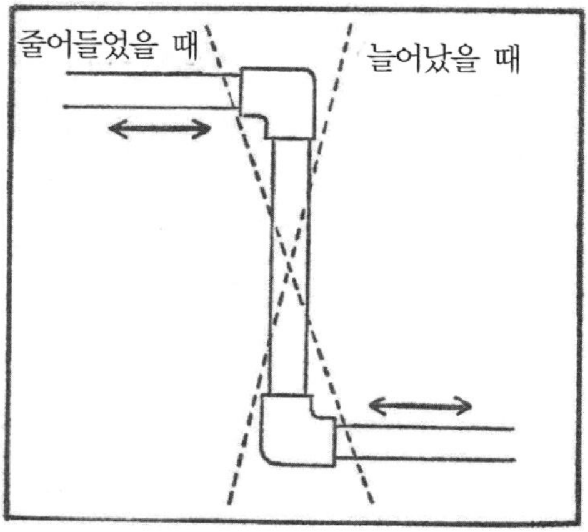

【문제 15】

한 남자가 강한 햇살에 눈이 약하기 때문에 다음과 같은 것을 생각했다.

"여기에 50%만 빛을 통과시키는 선글라스가 두 개 있다. 두 개를 포개면 100% 빛을 차단할 수 있을 것이다. 그래서 바깥은 보이지 않게 되지만 눈은 상하지 않는다."

이 남자의 생각이 과연 옳겠는가?

【해답】 잘못되어 있다. 25% 빛을 통과시킨다.

한 장 통과한 빛이 50%로 줄었다면 그것이 두 장째를 통과할 때는 다시 50%의 50% 즉, 25%로 준다. 그것뿐이다. 다만 이 필터가 편광판이거나 파장에 의해서 다른 흡수성을 보이는 것이라면 이야기는 달라진다. 편광판은 두 장을 겹치는 방향에 의해서 거의 한 장과 같은 정도의 밝기이므로 거의 새까맣게 변한다.

자연의 빛은 진행방향에 대해서 수직인 면 안에서 온갖 방향으로 진동 면이 있는데, 그것이 편광판을 통하면 어떤 한쪽 방향으로만 진동 면을 가진 빛으로 변한다. 그래서 다음의 편광판이 그 빛과 같은 방향으로 진동 면을 바꾸는 성질이 있으면 그대로 통과하고, 직각 방향이면 정지……라는 것이 그 원리이다.

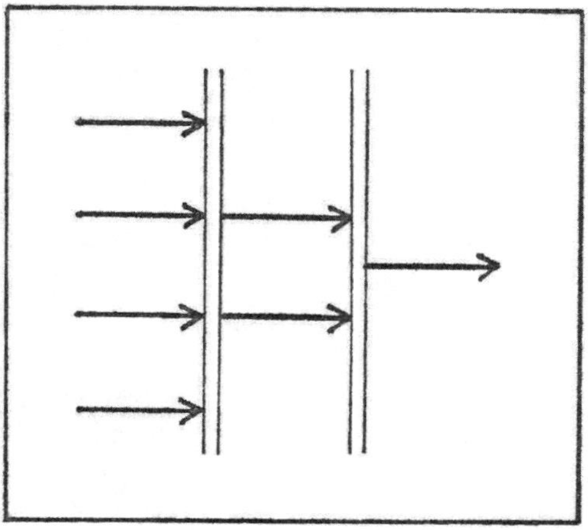

이 장의 정리

유추라는 사고방식에 이끌린 대발견의 일례로서 프랑스의 의학자 파스퇴르가 유산균이라는 신 미생물을 발견한 이야기를 하자. 그가 대학교수로 근무하고 있던 프랑스의 리르 지방에는 포도액을 발효시킨 액을 증류하여 알코올을 제조하는 산업이 번창했었다. 어느 날, 한 알코올 업자가 파스퇴르를 찾아와서 통 속의 포도액이 이상하게 신맛이 나는데 어떻게 할 수 없겠는가 하고 상의했다.

파스퇴르는 공장에 나가서 이상을 일으킨 통의 액과 정상적인 쪽을 비교했다. 정상적인 쪽의 액은 중성, 알코올 냄새가 나고, 이상이 생긴 쪽은 산성이어서 이상한 냄새가 났다. 그는 이상한 통에서는 알코올이 아니라 유산이 생긴 것이라 판단했다.

액을 채취하여 현미경에서 조사하였더니 알코올이 생긴 정상적인 액에는 효모균이 계속 활동하고 있다. 효모균은 약 2천 년 전에 발견된 미생물로 그 무렵에는 산 효모균이 당에서 알코올을 만드는 것인지, 균이 죽어서 그 변화의 원인인지 논의가 되고 있었다. 파스퇴르는 이상 발효된 액 속에 미생물인지 무엇인지 확실하지 않은 회색의 막대 상의 물질을 현미경으로 발견했다. 여기서 그는 유추해서 생각했다. 효모균은 살아가기 위해서 당분을 알코올로 변화시킨다. 이상 액에서는 당분이 유액으로 변했다. 이 변화를 일으킨 범인은 다른 미생물로, 그것은 회색의 막대 상일 것이다. 만약 그것이 미생물이라면 증식에 도움이 되는 먹이를 발견해서 줄 것 같으면 많이 증식할 것이고, 다음에 배양액에서 꺼내 포도액에 넣어주면 틀림없이 유액이 생길 것이다.

실험해 보니 생각대로 되었다. 파스퇴르는 유산균의 발견자가 되었고 미생물의 생활 작용을 여러 가지로 조사함으로써 미생물학이라는 새로운 학문의 기초를 만들었다.

우선 복잡한 자연현상은 해석하는 데 도움이 될 만한 될 수 있는 한 간단한 모델로 나타낸다. 그 모델의 요소를 바꿔 넣기도 하고, 바꿔서 짝짓기하다 보면 진짜 현상도 이와 같이 일어나는 게 아닐까 하고 생각할 수 있게 된다. 멘델은 유전의 본성을 명백히 하기 위해 부모의 여러 가지 성질을 자식에게 전하는 「유전자」가 있다고 생각했다. 유전자라는 물질이 있는지 없는지 멘델로서는 증명할 수 없었는데, 이 모델의 덕분에 유전자의 존재를 알게 되었고 내용도 알 수 있게 되었다. 이와 같이 진짜를 모델로 바꿔 만들어서 모델의 작용에서 진짜를 유추하는 방법은 과학의 진보에 크게 기여하고 있다. 우리들의 일상생활에도 유추가 도움되는 일들이 적지 않을 것이다.

PART 2. 비교해서 생각하다

이 장의 목적— 같은 것을 찾아낸다—비교

원시인의 생활을 상상해 보자. 그들의 지식에는 「과학」이라는 정리된 학문은 없지만, 과학의 싹틈은 있다. 어느 날, 누군가가 언뜻 보기에 맛있을 것 같은 나무열매를 발견한다. 열매를 먹으려고 하는데 노인이 와서 자세히 살핀다. 노인은 이것과 비슷한 먹을 수 있는 나무열매를 알고 있다. 그 열매를 생각하면서 찬찬히 냄새를 맡는다. 잠깐 혀끝을 대 본다. 그리고는

"이거라면 먹어도 괜찮아, 먹을 수 있다."

라고 노인은 단정한다.

이와 같은 「비교」에 의해서 인류는 자신에게 도움이 되는 새로운 것을 자연계에서 발견하고 진보해 왔을 것이다. 비교함으로써 새로운 것을 발견한다. 이것은 인류의 기지의 기초라 해도 과언은 아닐 것이다.

그런데 현재의 우리들은 비교라는 방법을 좀 더 높은 차원에서도 파악할 수 있을 것이다. 정확히 알고 있는 법칙이나 경험적 사실을 생각하고 눈앞에 알기 곤란한 사실과 비교하면 저절로 풀리는 경우가 있다. 다시 말해서 원시인의 지혜를 위시하여 현재의 과학적 사고에도 공통되어 있는 것이 비교라는 방법인 것이다.

【문제 1】

“아무래도 나는 덜렁이야, 안전핀을 삼켜버렸다구. 그랬더니 의사가 찍은 엑스레이 사진이 이거라구. 바로 위 안에 그대로 있다는 거야.”
라고 말하면서 아래 사진을 가지고 온 남자가 있다.

이 남자의 말을 믿을 수 있겠는가?

【해답】 믿을 수 없다. 안전핀은 검게 되지 않고 하얗게 될 것이다.

보통의 엑스레이 사진은 네가(nega)로 보고 있다. 문제 그림의 경우도 뼈쪽이 주위에 비교해서 보다 하얗게 비치고 있기 때문에 네가인 것이다. 엑스레이를 잘 통과시키는 근육 부분이 엑스레이를 통과시키기 곤란한 뼈보다 검게 되어 있다. 요컨대 「그늘」 쪽이 하얗게 되는 것이다. 이와 비교하면 금속제의 안전핀은 당연히 엑스레이에 대해서 그늘, 즉 뼈보다 더 하얗게 비쳐야 하는 것이다. 보통 의사는 하얀 부분을 가리키면서 "그늘이 있습니다"라고 말하고 있다. 어렸을 때는 그늘이라면 왜 검지 않단 말인가 하고 생각하기도 했다. 안전핀은 금속이기 때문에 그늘이 되어 검게 된다고 생각하는 것은 포지티브적 감각으로 생각하고 있음에 불과하다.

그런데 위의 모양 등을 촬영했을 때 「바륨을 먹는다」고 말하는데, 실은 바륨은 독성이 높은 금속이어서 먹을 수 없다. 그 유산염인 「유산 바륨($BaSO_4$)」만이 극히 물에 잘 녹지 않고 몸에 흡수되지 않기 때문에 먹을 수 있는 것이다. 이것이 이윽고 하얀 변이 되어서 끝난다. 또 원자량이 큰 원자일수록 엑스레이를 통과시키기 곤란하고 투명하게 찍힌다. 다이아몬드 광산에서 다이아몬드를 광부가 먹지 않았나 하고 엑스레이로 검사한다는 이야기를 들었는데, 다이아몬드는 원자량이 크기 때문에 엑스레이에 대해서 투명에 가깝고 가령 삼켰어도 발견될 리가 없다.

【문제 2】

그림과 같이 공과 쇠사슬을 똑같은 높이에서 동시에 손을 놓았다. 공과 쇠사슬의 상단의 고리가 아래에 그린 선 어느 쪽에 먼저 통과하겠는가? 혹은 동시일까? 공기의 저항은 없다고 한다.

【해답】 동시.

상단의 쇠사슬은 아랫부분에서 당겨지고 있다. 다만 그것은 상단을 매달고 있을 때의 이야기이다. 쇠사슬이 손에서 떨어져 나가는 순간 쇠사슬의 고리끼리가 당기는 힘은 없어져 버린다.

예를 들면, 엘리베이터에 타고 내려가기 시작했을 때 몸에 엘리베이터 상자가 위에 케이블이 끊어져서 완전히 자유낙하하기 시작하면 사람도 엘리베이터도 자유낙하한다. 즉, 사람과 상자와의 사이에는 아무런 힘도 작용하지 않고 사람은 상자에 대해서 무중량상태가 되고 상자 속에 떠있으며 위도 아래도 없는 것이 된다.

미국 공군이 비행기를 포물선 상으로 날려서 무중량상태를 만들고 있는 필름을 본 적이 있는데 지상에서도 「운동」시키면 상호 무중량상태를 만들어낼 수 있는 것이다.

문제의 경우, 손에서 떠난 쇠사슬은 하나하나 고리가 완전히 자유낙하하고 있는 것과 같아진다. 엘리베이터의 경우와 비교해서 생각하면 분명할 것이다. 쇠사슬은 볼 한 개가 떨어지는 것과 같은 시간으로 선을 통과하는 것이다.

【문제 3】

범선이 돛이 뒤에서 부는 바람을 가득 받으면서 고속으로 전진하고 있다. 꼭대기 삼각형의 작은 기는 어느 쪽으로 펄럭이겠는가? 해류는 생각하지 않도록 한다.

(A) 진행방향으로 향해 펄럭인다.

(B) 진행방향과 반대로 향해 펄럭인다.

【해답】 (A) 진행방향으로 향해 펄럭인다.

범선은 바람을 받아서 나아가는 것이기 때문에 물의 저항이 있는 이상 바람보다 빨리 나아갈 수는 없다. 바람은 범선을 뒤에서 「추월해서」 불고 있는 것이다. 범선의 위에서 담배를 피면 연기는 전방으로 불려 나가게 되는 것이다. 때문에 삼각의 작은 기도 엔진의 구동이 아닌 한 진행방향으로 펄럭인다.

기를 뒤로 펄럭이면서 신문사의 자동차가 질주하는 장면과 비교하면 그만 범선의 작은 깃발도 뒤로 펄럭일 것이라고 생각하기 쉽다. 이 경우는 엔진으로 지면을 차고 나아가고 있는 것이니 (요컨대 순풍이 동력은 아니다.) 차에 대해서 공기는 어지간히 강한 순풍이 아닌 한 뒤로 향하는 방향에 해당된다. 때문에 작은 기는 뒤로 펄럭이는 것이다. 문제의 경우도 그만 멍청하게 뒤로라고 말할 것 같은데 무엇이 동력인가를 생각하면 알 것이다.

【문제 4】

무 하나를 둘이서 절반 가격씩 내서 샀다. 돌아와서 두 주부가 어떻게 절반으로 나눌 것인가 망설이고 있다. 길이로 절반을 가르면 꼬리 쪽이 가늘어져서 손해가 될 것이고 세로 절반 가르려면 정확히 나누기가 곤란하다.

거기에 공학부 물리학과 출신이라는 재치있는 여자가 등장하여 그림과 같이 실로 묶고 매달아서 수평이 되었을 때 그 실 자리에서 자르면 양쪽이 같은 중량이 된다고 했다.

그녀의 말이 옳은가?

【해답】 잘못되어 있다.

가령 무를 균질적인 원추형이라 가정해 보자. 그 중심을 지나는 축에 직각인 면에서 두 개를 자르면 오른쪽 절반 쪽이 왼쪽 절반보다 약 37% 무겁다.

그림의 왼쪽이 오른쪽보다 지점(支点)에서의 거리가 멀리까지 뻗쳐 있기 때문에 가벼워도 아래로 가해지는 힘으로서는 효과적이다. 이것은 무거운 사람과 가벼운 사람의 시소의 균형에서 생각해도 알 수 있다.

물론 무는 원추형이 아니기 때문에 머리 쪽이 37%나 많아지지는 않겠지만, 꼬리 쪽보다 많은 것은 확실하며 게다가 머리 쪽이 무를 강판에 갈면 맛있다고 하니, 이렇게 나누는 것은 「차별」 투성이다. 이 재치 있는 여자는 믿을 수 없는 것이다. 세로로 나누는 것이 그래도 좋은 것 같다.

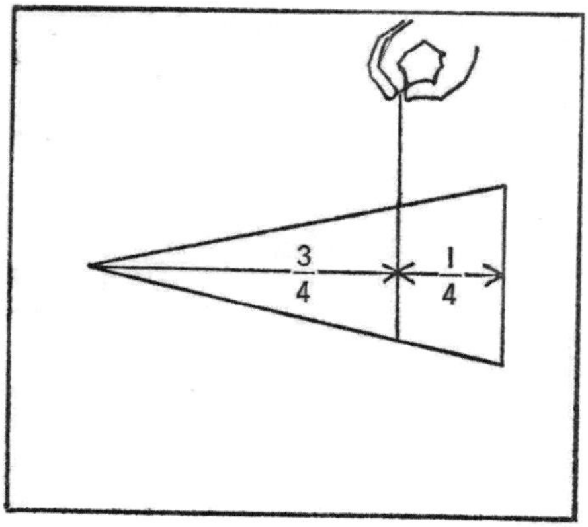

【문제 5】

그림과 같은 마개 장치를 한 유리관을 잡고 좌우로 각각 비눗방울을 만들었다.

지금 B는 막은 채로 A와 C를 열면 어떻게 되겠는가?

(1) 큰 쪽은 점점 커지고 작은 쪽은 점점 작아져서 관 안으로 들어가 버린다.

(2) 이대로. 변화가 없다.

(3) 큰 쪽이 작아지고 작은 쪽이 커져서 양쪽이 똑같이 커졌을 때 멈춘다.

【해답】 (1)이 옳다.

비눗방울을 불고 있을 때를 생각하자. 스트로에서 입을 떼면 공기는 스트로 안으로 되돌아와서 비눗방울은 차츰 작아진다. 비눗방울 안은 주위의 대기압보다 높다. 그 힘은 비눗방울이 작아지려고 하는 성질(표면장력)에서 온 것이다.

철사의 테두리에 생긴 비눗방울 막은 평면이 되어 있고 그 어느 쪽에도 압력은 미치지 않는다. 평면이 제일 면적이 좁기 때문에 안정되어 있는 것이다. 그런데 비눗방울의 표면은 구면이다. 그러나 큰 비눗방울의 표면 쪽이 작은 비눗방울의 표면보다 굽어지는 것이 적고 보다 평면에 가깝다. 요컨대 보다 평면에 가까운(큰) 비눗방울 쪽이 안의 압력이 대기압에 가까운 것이다. 그래서 안의 압력이 높은(작은) 비눗방울에서 큰 쪽으로 공기는 이동하는 것이다. 큰 쪽은 점점 커지고 작은 쪽은 점점 작아져서 그 압력의 차는 더욱 커져서 결국에는 작은 쪽이 관 속으로 흡수되듯이 들어가 버린다.

고무풍선을 불 때 고무의 특수한 성질은 있어도 처음에 제일 입김의 힘이 필요하며 약간 부풀게 되면 그 다음은 비교적 편히 크게 부풀게 할 수 있는 것은 경험적으로 알고 있는 사람도 많을 것이다. 그것과 비교해도 알 수 있을 것이다.

【문제 6】

10와트 전구 10개를 켠 것과 100와트 전구 1개 켠 것과 어느 쪽이 더 밝겠는가?

【해답】 100와트 한 개 쪽이 거의 2배 밝다.

10와트 10개와 100와트 1개는 소비 전력으로는 같다. 그러나 밝기에서는 상당히 다르다. 예를 들면, 니크롬선에 전류를 흐르게 한다고 하자. 전류가 적은 동안은 단지 따뜻할 뿐이다. 전류를 약간 늘리면 뜨거워지지만 아직 빛은 발하지 않는다. 좀 더 흘리면 빛을 발하기 시작하지만, 더욱 늘리면 결국 밝게 빛나기 시작한다. 소비 전력이 적은 동안에는 발열기에 지나지 않고 어느 정도 흘리고 겨우 빛을 발하는 것이다. 때문에 빛을 발할 때까지 상당한 전류가 소모되기 때문에 전류를 많게 하는 것이, 그리고 필라멘트를 고온으로 하는 것이 「빛을 발하는」 효율이 높아진다. 10와트에서는 밝게 하는 것만큼의 전류의 비율이 100와트에 비해서 훨씬 적은 것이다.

10와트의 전구가 발하는 빛의 양의 20배를 100와트의 전구가 발하고, 더구나 300배 가까운 빛을 1000와트의 전구가 발한다. 60와트를 5개 켜면 샹들리에의 밝기는 200와트 1개와 거의 같기 때문에 샹들리에는 그런 의미에서는 합리적이라고는 말할 수 없다. 또 전구는 1000~1500시간이면 끊어진다. 수명이 다 될 무렵에는 긴 시간 사용하고 있었기 때문에 텅스텐이 증발하고 가늘어져서 저항이 많아지며 소비 전력이 준다. 증발한 텅스텐은 전구의 내면을 더럽히는 경우도 있어, 빛의 양은 처음의 빛에 비해 거의 80%까지 떨어진다고 한다.

【문제 7】

그림과 같이 추가 매달려 있다. 이 추는 A와 B 어느 쪽이 내려가겠는가? 또 균형이 잡힌 그대로 있겠는가?

로프 움직도르래의 무게는 무시하고 A 쪽에는 1킬로그램, B 쪽에는 2킬로그램이 매달려 있다고 한다.

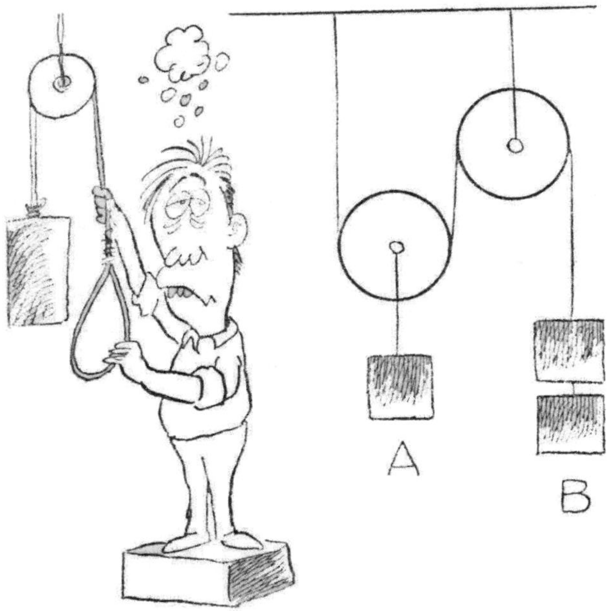

【해답】 B가 내려간다.

실은 아래 그림일 때 A와 B는 균형이 잡히는 것이다. 이것을 초등학교에서 배웠기 때문에 분명히 2대 1로 균형이 잡힌다는 것만은 기억하고 있어서 그만 걸려드는 사람도 많다. 공학부의 대학원 학생이 10명이나 걸려들었기 때문에 출제하고 싶어진 것이다. 문제의 그림에서 B 쪽은 500그램으로 A와 균형을 이루게 되는 것이며, 2킬로그램이나 된다면 오른쪽이 쑥 내려가 버린다.

이와 관련해서 유럽에서 발견한 기묘한 장난감을 소개하자. 천평에서 매단 한 줄의 끈 중간에 공이 있다. 내버려두면 공은 아래까지 내려가 버리는데 끈 아래 끝을 약간 당기면 공은 쭈르르 천장까지 올라간다.

안을 열어보지는 않았지만, 아마 그 매커니즘은 그림의 왼쪽과 같을 것이라 생각한다.

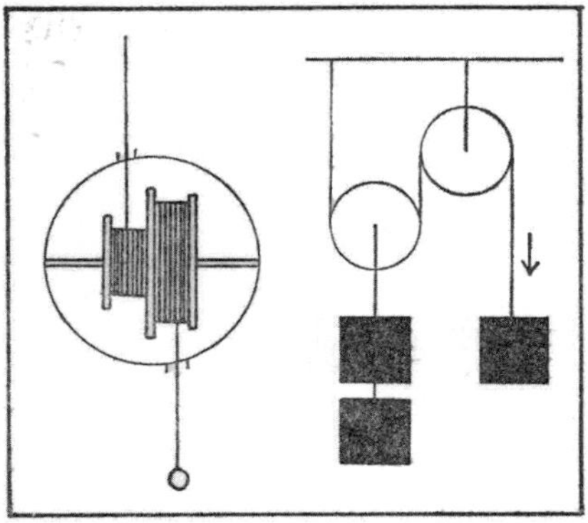

【문제 8】

위 그림과 같이 같은 분동을 천평의 접시 중앙에 놓는다. 물론 균형은 잡힌다.

그러면 그 아래 그림과 같이 두 개의 분동을 접시 한쪽 끝에 놓으면 어떻게 되겠는가?

【해답】 균형이 잡힌다.

원래 균형이 잡히지 않으면 곤란하다. 그렇지 않으면 천평의 접시 어디에 놓느냐에 따라서 중량이 달라지기 때문이다. 하지만 이것으로는 해답이 될 수 없다. 천평이 단순한 시소라면 지점(支点)에서의 거리의 차이가 있으면 당연히 같은 무게라도 기울 것이다. 문제는 그것이 어떻게 방지(防止)하고 있는가 하는 것이다. 위의 천평에서는 아래 그림과 같이 A점이 2개소 있고 B의 4개소는 핀으로 고정시키고 있다. 이와 같은 소위「팬터그래프 구조」에서는 좌우의 접시는 상하 방향으로밖에 움직이지 않기 때문에 오른쪽이 1센티미터 내려가면 왼쪽은 1센티미터 올라가게 되어 있다. 이것은 접시 위의 물건의 지점에서의 거리에 관계가 없다. 보통의 천평의 원리이다. 그러나 천평 위의 물건은 될 수 있는 한 접시 중앙에 놓는 것이 좋다고 한다.

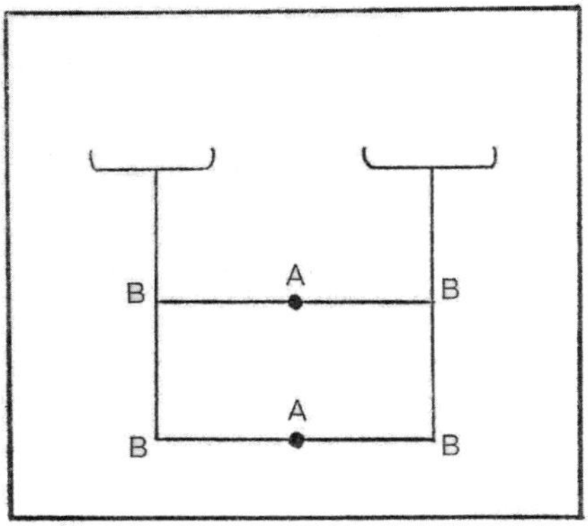

【문제 9】

한 경솔한 남자가 모형비행기의 프로펠러를 설명서와는 반대로 부착하고 말았다.

이대로 설명서대로 고무를 감고 프로펠러를 돌려서 손을 놓으면 비행기는 어느 쪽으로 향해 날겠는가?

【해답】 앞으로 향한다. 요컨대 보통으로 난다.

지레짐작하다가 실패해서는 안 된다. A와 같은 식으로 비틀어진 프로펠러는 뒤집어도 A의 형태로 될 뿐이지 B의 프로펠러 형태는 되지 않는다. A와 B는 전혀 다른 프로펠러인 것이다. 길쭉한 종이를 비틀어서 시험해 보기 바란다. 다시 말해서 어느 쪽으로 향해서 부착해도 같은 방향으로 회전시키면 같은 쪽으로 바람이 나온다. 요컨대 설명서와 같은 방향으로 바람이 나와서 당연히 전진할 것이다.

선풍기의 날개를 전후 거꾸로 붙여도 다소 바람을 일으키는 효과는 떨어질지 모르지만 역시 비틀어진 형태가 비슷하기 때문에 바람은 앞으로 나온다. 선풍기의 바람을 뒤로 내보내고 싶다면 그 회전 방향을 거꾸로 하여야 한다. 마찬가지로 착각하기 쉬운 것으로 그림의 「매듭」이 있다. 뒤에서 보아도 역시 같은 형태이다.

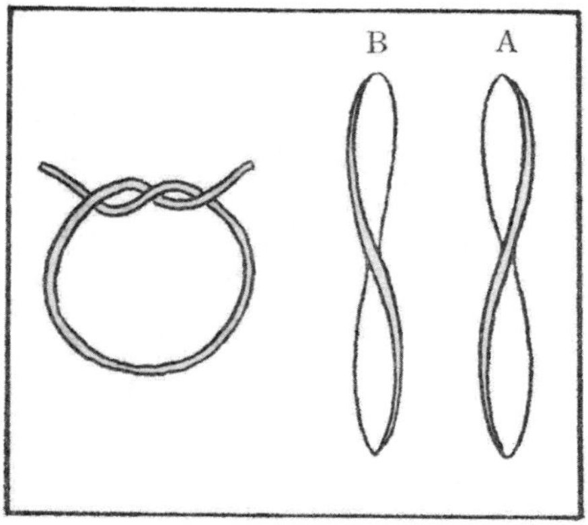

【문제 10】

두 개의 「바퀴」는 같은 폭, 같은 직경, 같은 재료, 같은 중량으로 만들어졌는데 단면을 보면 아래 그림처럼 형태가 달라져 있다.

이 두 개의 바퀴를 같은 비탈길에서 굴리면 어느 쪽이 먼저 아래에 도착하겠는가?

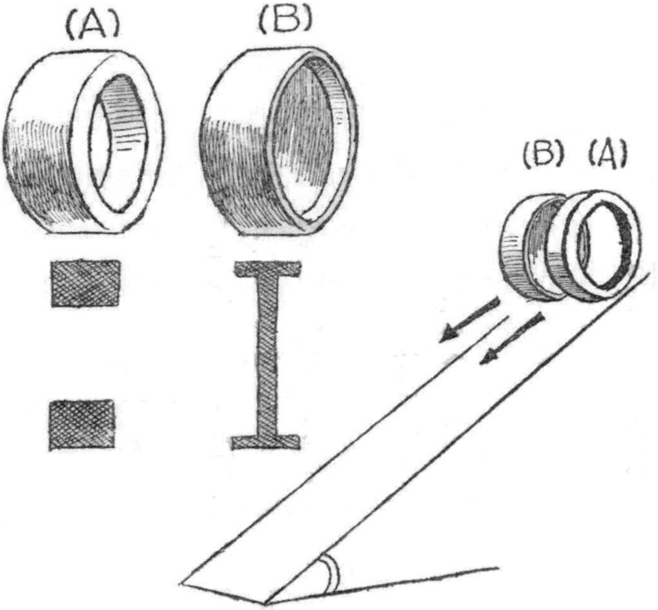

【해답】 B쪽이 먼저 도착한다.

똑같다고 대답하기 쉬운 것도 무리는 아니다. 같은 비탈길 위에서 같은 거리를 굴러 내려갈 때 비탈길의 아래서 얻을 수 있는 에너지는 그 높이의 차이에서 오는 위치에너지뿐이니 같은 것이다. 그런데 왜 (B) 쪽이 먼저 도착하는 것일까.

(A), (B) 모두 비탈길 위에서 가지고 있는 에너지는 같은 중량이니까 분명히 같다. 그러나 미끄러져 내려가는 것이 아니라 굴러 내려간다는 점에 포인트가 있다. (A)는 중량이 주위에 치우치고 있기 때문에(관성 능률이 크다) 회전에 많은 에너지가 소모되어, 좀처럼 이동하는 쪽의 에너지 쪽으로 돌아오지 않는 것이다.

마찬가지로 쇠구슬이 끝 쪽에 붙은 막대와 중앙 쪽에 붙은 막대는 같은 중량이라도 전자 쪽은 굴리기가 몹시 어렵지만, 구르기 시작하면 정지시키는 것도 곤란하다. 그것은 감각적으로도 알 수 있을 것이다. 전자 쪽이 관성 능률이 큰 것이다.

(A)와 (B)가 비탈길 아래에 도착했을 때 (A) 쪽이 회전에너지를 (B)보다 많이 가지고 있지만, 반대로 이동하는 운동에너지는 (B) 쪽이 (A)보다 크다. 각각 합계한 에너지는 같지만 이동하는 운동에너지를 많이 가진 (B) 쪽이 빨리 도착하게 되는 것이다.

【문제 11】

미국의 케이프캐너베럴(플로리다 주)이나 일본의 우치노우라(가고시마 현), 우리나라의 고흥 등 인공위성의 발사장은 남쪽으로 만들어져 있는 경향이 있다. 발사 기지로서 남쪽은 북에 비해서 어떤 유리한 점이 있는 것일까?

【해답】 있다. 적도에 다가가면 갈수록 지구의 자전 속도를 많이 이용할 수 있기 때문에.

남쪽이기 때문에 좋다는 것이 아니라 적도에 가까운 쪽이 유리한 것이다. 때문에 오스트레일리아의 발사기지는 훨씬 북쪽이 될 것이다. 인공위성을 궤도에 올려놓을 때 그 속도를 내기 위해서 지구의 자전속도를 이용한다. 자전의 속도가 제일 빠른 적도상이 가장 유리하다. 같은 국내라면 될 수 있는 한 남쪽(북반구의 나라인 경우)을 택하는 것이 당연하다. 로켓의 추진력에 지구의 회전을 가해서 이용하면 그만큼 연료가 적어도 되기 때문이다. 인공위성의 최종적인 속도에 대해서 적도상의 지구의 자전속도가 3.4%의 효력을 발휘하게 되니까 무시할 수 없다. 물론 자전의 속도를 이용할 때는 모두 동쪽을 향해 발사하게 된다. 반대로 향하게 되면 북극점에서 발사하는 것보다 손해가 된다.

또 기지는 동해안에 있는 것이 많다. 동쪽을 향해 발사하여 다단식의 타고 남은 찌끼가 떨어지거나 할 때는 떨어지는 곳이 바다 쪽이 사정상 좋기 때문이다. 또 기지는 고도가 있는 것이 더욱 유리하다. 왜냐하면 그만큼 자전속도가 큰 것도 있지만, 중요한 것은 그 고도까지 로켓을 들어올리는 데 필요한 연료가 적어도 되기 때문이다.

【문제 12】

아침에 될 수 있는 한 늦게까지 자리에서 일어나지 않고 있던 샐러리맨 S군은 시간이 박두해서 일어나 밀크홍차 한 잔만 마시고 출근한다.

그런데 뜨거운 홍차가 식을 때까지 기다리기가 초조하다. 그래서 홍차만 식히고 나서 나중에 차가운 우유를 넣는 것과 뜨거운 홍차에 차가운 우유를 넣고 식히는 것과 어느 쪽이 시간을 절약할 수 있겠는가? 물론 어느 경우도 넣는 우유의 비율은 같다.

【해답】 우유를 나중에 넣는 것이 결국은 빨리 식힐 수 있다.

「아무래도 체험으로는 양자를 비교해도 차이는 없는 것 같다.」라고 생각은 하지 않았는지. 그러나 그것은 정당한 「비교」의 조건을 충족시키지 못했다. 정확한 논리가 필요한 것이다. 체험적으로 생각하면 같아도 자연과학적 관점에 입각하면 좀 더 다른 해답을 발견할 수 있다.

어떤 물체에서 어떤 물체로 열이 전달되는 속도는 양자의 온도 차가 클수록 빠르다. 때문에 뜨거운 홍차를 방치하고 공기와의 온도 차가 큰 상태로 해두는 것이 처음에 우유를 넣고 온도 차를 적게 하기보다 단위시간 내에 잃어버리는 열은 많다 할 수 있다. 그리고 마시기 적당한 온도까지 잃어야 할 열의 양은 어떤 방법으로 해도 마찬가지다. 때문에 단위시간 내에 열을 많이 잃게 하는 방법이 결과적으로는 빨리 식히는 것이 된다.

또 열의 이동은 다른 케이스와 극히 다른 특색을 가지고 있다. 그것은 불가역 반응이다, 라는 점이다. 열은 높은 데서 낮은 곳으로 일방적으로만 흐르고 그 반대는 일어나지 않는 것이다. (그 밖에 아무 변화도 없다고 한다면)

【문제 13】

솜과 쇠가 정확한 천평에 얹혀 있다. 그러나 실은 이 쇠와 솜 어느 한쪽이 무겁다. 어느 쪽이겠는가?

【해답】 솜 쪽이 무겁다.

솜 1킬로그램과 쇠 1킬로그램에서 어느 쪽이 무거운가?…… 이것은 옛날부터 있는 과학 퍼즐의 하나다. 그러나 그것이 노리고 있는 것은 쇠라는 마치 무거울 것 같은 것과 솜과를 비교하여 멍청하게 「그야 쇠지.」라고 대답이 나오도록 하는 데 있지만, 여기에 출제한 것은 그런 함정 퍼즐이 아니다.

공기 중에 있는 것은 공기에서 부력을 받고 있다. 그것은 부피가 큰 것일수록 크다.(PART 4 【문제 10】 참조) 수소를 채운 풍선도 엄연한 중량이 있을 텐데 공기 속에서는 둥실둥실 올라가 버리는 데서 공기의 부력을 실감할 수 있을 것이다.

실은 예를 들어서 진공 속에 솜이 1000.79그램, 쇠가 1000.15그램 있을 때 공기 속에서는 부피가 큰 솜은 부피가 작은 쇠보다 큰 부력을 받고 어느 쪽도 1000그램이 되어 균형을 이루는 것이다. 새 솜 1킬로그램은 바깥치수로 30 x 30 x 22센티미터 정도가 되고 외관상으로 비중은 0.55정도밖에 안 될 것 같은데, 그 섬유 하나하나의 비중은 1.5~1.55나 된다. 이것은 탈지면이 물에 가라앉는 것을 보더라도 납득할 수 있을 것이다.

또 이 책 외의 문제로 천평적 균형에 대해서 다루고 있는 경우 일체 공기의 부력을 무시하고 있다는 것을 여기서 사전에 말해 두고자 한다.

【문제 14】

오토바이, 비행기, 배, 전차를 각기 정면에서 본 그림이다. 이 가운데 3개는 좌회전 중이지만, 하나만이 우회전 중인 것이 있다. 그것은 어느 것인가?

【해답】 배.

오토바이를 탄 사람은 안쪽으로 돈다. 비행기도 단순히 방향타를 돌리기만 하고 도는 것이 아니라 날개의 플랩을 움직여 기울이면서 돈다. 전차는 레일 높이의 차이(물론 커브의 바깥쪽이 높다)로 기울이며 돈다. 돌 때 바깥쪽에서의 원심력과 중력과의 합력 방향에 힘이 작용하기 때문에 타고 있는 사람이나 짐을 싣는 데 있어서 마치 그 방향이 「아래」처럼 된다. 바닥은 그 방향과 직각이 되도록 기울여 두는 것이 타는 기분이 좋다. 소거법으로 생각하면 가능성이 없는 것은 떨어져 나가는 것이다.

그런데 배에서는 그런 자세 제어를 할 수 없기 때문에 급커브를 하면 원심력으로 밖으로 기울어지고 만다. 고속으로 급커브를 돌면 항공모함이 싣고 있는 비행기를 전부 바깥으로 떨어뜨리게 된다는 실사 영화가 있었다. 요즘의 배에는 양쪽에 있는 탱크의 물을 옮겨 놓음으로써 돌기 전에 배를 약간 안쪽으로 기울이게 할 수 있는 것도 있다.

또 승용차에서는 급커브에서의 원심력이 가해지면 바깥쪽 타이어가 강하게 짜부라져서 오토바이와는 반대로 바깥쪽으로 기울면서 돈다……카 체이서 영화에서 흔히 볼 수 있는 신이다. 심하면 바깥쪽으로 전복한다. 열차나 비행기보다 승용차 쪽이 오래 타면 피로해지기 쉬운 것은 이런 점에도 원인이 있는 모양이다.

이 장의 정리

한 마디로 비교라고 해도 여러 가지가 있다. 우리들이 외국 여행에 나섰다고 하자. 낯선 외국인들에게 둘러싸여서 「너는 누구야?」라는 질문을 받는다면 증거품으로서 보일 수 있는 것은 패스포트 하나뿐이다. 그것은 「나는 나이다.」라는 신분을 증명해 주는 「동정(同定)이라는」 유일한 것이다.

과학에서 비교라고 할 때는 이 동정(同定)하는 것이 주된 목적이다. 한 물체가 확실히 그것이라는 것을 확인하는 것이다.

우연히 주운 결정(結晶)이 어떤 돌과 같은지 아닌지는 신종 광물의 발견과도 관계된다. 세상에 똑같은 것은 하나만이 아니기 때문에 표준 석영(石英)의 움직일 수 없는 특징만은 정확히 해둘 필요가 있다.

게다가 이 장에 나오는 퍼즐은 그렇게 엄격한 비교를 요구하는 것은 아니다. 오히려 위트가 작용하는 것들이 많다. 예를 들면, 무를 둥글게 썰어서 같은 무게의 두 조각을 만들려고 하는 문제는 보통의 역학의 지식으로는 도저히 풀 수 있을 것 같지 않다. 하다못해 어렴풋한 기억을 머리에서 짜내서 사용해 보아도 아마 정답은 얻을 수 없을 것이다. 오히려 뚱보와 말라깽이와의 시소게임을 떠올리는 것이 제일 빠를 것 같다. 이렇게 되면 비교와 유추의 구별이 어려워진다.

요컨대 자유자재로 「비교」하는 것이다. 경솔한 비교에도 그 나름의 메리트는 있다.

두 친구가 있다. 한 사람은 신식 쿼츠 시계, 다른 한 사람은 구식 용수철식 시계를 가지고 외국으로 갔다. 신식 시계를 가진 사람은 용수철 시계를 가진 사람의 것과 비교해서 절대로 정확하다고 자만하고 있었다. 그런데 파리에 도착했더니 쿼츠 쪽이 멎고 말았다.

원인은 간단하다. 요컨대 이 사람은 쿼츠 시계라 할지라도 에너지원인 배터리가 다 소모되어 버리면 사용할 수 없게 된다는 것을 잊고 시계의 기구인 신, 구식만을 비교하고 있었던 것이다.

비교라는 것도 주의 깊게 하지 않으면 의외로 이런 경우가 생기는 것이다.

PART 3. 지워서 생각하다

이 장의 목적—방해되는 것은 없애라—소거(消去)

나는 본격 추리소설을 읽을 때 등장인물의 리스트를 별도로 만들어서 명확하게 여러 가지 메모를 해둔다. 읽고 있는 동안에 아무리 생각해도 이것은 범인이 아니라고 할 때 그 이름 위에 x표를 한다. 저자는 범인을 적극적으로 범인이라고는 결코 묘사하지 않는다. 다른 사람을 지워 가면서 그다지 범인인 것 같지 않은 등장인물이 최후로 남으면 되는 것이다.

과학에 있어서도 이 방법은 매우 효과적이다. 「XX이다.」라고 정확히 말하기 곤란할 때 그 밖에 생각하는 온갖 가능성을 하나하나 짚어가면 「XX일 것임에 틀림없다」에 달하게 된다. 물론 그 가능성이 「모든 것」일지 여부의 검토도 필요하고, 그것을 하나씩 짚어가는 과정에 착오가 있어서는 안 된다.

그 예로서 이 장에서는 여러 가지 사고방식 속에서 하나를 정하는 문제를 주로 모아 보았다. 반드시 하나는 정답이 포함되어 있기 때문에 다른 가능성은 일단 생각하지 않아도 될 것이며, 하나하나 착실하게 짚어서……소거해 가기 바란다. 그렇지만 「뜻밖의 범인」을 만날 수도 있다.

【문제 1】

다이아몬드는 지구상의 물질 가운데서 제일 단단하다. 물론 쇠 같은 것보다 훨씬 경도가 높다. 그러면 쇠 위에 다이아몬드를 놓고 위에서 쇠 해머로 내리쳤을 때 다이아몬드는 어떻게 되겠는가?

(1) 다이아몬드가 부서진다.

(2) 다이아몬드가 납작하게 된다.

(3) 다이아몬드가 쇠와 해머에 박힌다.

【해답】 (1). 다이아몬드가 부서진다.

실험해 보면 어떨까? 나도 아직 실험한 적이 없기 때문에. 다이아몬드는 물질 중에서 제일 단단하다고 한다. (인공물로 더욱 강한 것이 생겼다는 보도를 본 적은 있다.) 그에 비하면 쇠 같은 것은 아주 연하다. 그러나 두부 위에 돌을 놓고 두부 해머로 내리친 것처럼은 되지 않는다. 연한 것이 단단한 것을 깨는 것은 가능하다. 고무공으로 유리에 흠을 낼 수 없지만, 부딪치면 유리창을 깨뜨리는 일은 흔히 있는 일이다. 「능유제강(能柔制剛)」이란 이런 것일까.

칼날은 강한 것이 좋다. 그 굳기로 자르는 것이니까. 그러나 강하기만 하면 부러지기 쉬워진다. 그런 의미에서는 유리로 된 칼과 목도(木刀)가 싸우면 유리 쪽이 질 것 같다. 그래서 칼로서는 자르는 쪽이 아닌 그 반대쪽에 끈기 있고 연하지 않은 쇠를 사용하여 잘 부러지지 않게 하고 있다. 다이아몬드를 부수는 것은 쇠의 공구로서 OK다. 다만 자르거나 깎거나 하게 되면 쇠로서는 안 된다. 다이아몬드를 깎으려면 다이아몬드보다 강한 것이 없는 이상 다이아몬드를 사용할 수밖에 없다. 엷은 청동의 판 끝에 다이아몬드 가루를 붙여서 며칠씩 걸려서 다이아몬드를 자르고 있는 것을 암스테르담에서 보았다. 잘랐을 때 생긴 잘라낸 부스러기는 물론 버리지 않고 사용한다.

【문제 2】

근육은 자극을 받으면 수축한다. 스스로의 힘으로 「수축」되는 것은 가능하지만, 스스로 「신장」할 수는 없다고 한다.

그러면 어떻게 해서 우리들은 팔을 수축하고 게다가 뻗칠 수 있겠는가?

【해답】 팔을 굽히기 위한 「수축」 근육과 팔을 펴기 위한 「수축」 근육, 각각 독립된 근육이 있기 때문에.

팔의 뼈에는 그림과 같이 두 개의 근육이 붙어 있어서 팔을 굽히기 위해서 A가 수축된다. 이때 B는 자력이 아니라 A의 힘으로 「펴지는 것」이다. 반대로 팔을 펼 때는 B가 수축되고 그때 A는 B의 힘으로 「펴지는 것」이다. 어디까지나 근육의 주체성은 「수축」할 때 외에는 발휘하지 못하는 것이다. 펴는 것을 소거해서 생각하면 된다.

A가 수축할 때 부푸는 것이 알통이다. 보통 팔의 바깥쪽에 알통이 생기지 않는 것은 B가 빈약하기 때문이다. A 쪽이 굵기 때문에 팔을 굽힐 때가 펼 때보다 힘이 나온다. 팔을 펴는 힘을 트레이닝하면 바깥쪽에도 알통이 나오게 된다.

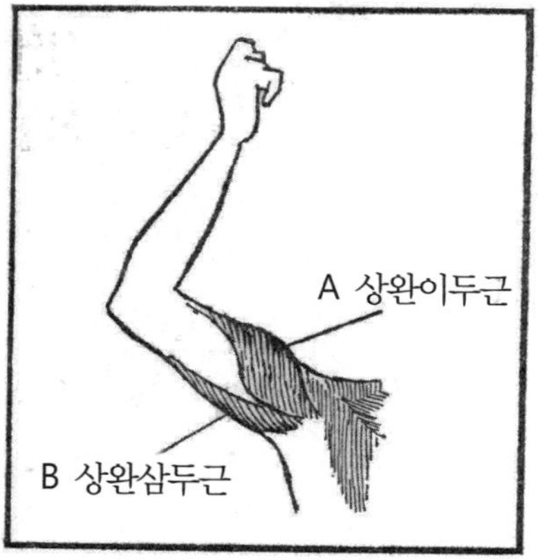

【문제 3】

열대 사막에서 우리나라에서 가지고 간 체온계를 꺼내 보았다. 그런데 기온이 40도나 되기 때문에 체온계도 40도를 가리키고 있다.

이 상태에서 자신의 체온을 재고 싶다. 어떻게 하면 되겠는가? 물론 체온은 40도가 될 리 없다.

(1) 겨드랑이 밑에 그대로 끼면 체온까지 내려간다. 겨드랑이에 낀 채로 눈금을 읽는다.

(2) 우선 34도 정도까지 흔들어 내리게 하고 급히 겨드랑이에 끼고 그대로 눈금을 읽는다.

(3) (1)에서나 (2)에서나 잴 수 없다. 안 된다.

【해답】 (3) 안 된다.

보통의 온도계라면 (1)이 가능하다. 주위의 온도에 의해서 올라갔다 내려갔다 하기 때문이다. 그러나 보통의 체온계로서는 그렇게는 안 된다. 체온이 38도일 때 재고 그대로 내버려두면(기온이 38도를 넘는 경우가 없는 한) 계속 38도를 유지한다. 다시 말해서 주위의 온도가 내려가도 수은은 내려가지 않는다. 체온계는 최고 온도계의 일종인 것이다.

그러면 어떤 것이 보통의 온도계와 다른가. 그것은 문제의 그림과 같이 잘록한 부분이 있다는 것이다. 예를 들면, 38도까지 수은이 올라갔을 때 옆의 아래에서 나온다. 주위의 온도가 내려가고 수은의 부피가 줄어도 상부의 수은을 넘긴 채로 잘록한 부분에서 수은이 없어져서 잘록한 부분 아래에 공간을 남긴다. 이것이 체온계가 「최고」를 나타내는 매커니즘이다. 다음에 사용할 때 흔들어 수은을 내려가게 한 다음 잰다는 방법[답 (2)]은 여기에 공간이 있을 때만 가능한 것이다. 문제의 경우, 주위의 기온이 40도이기 때문에 잘록한 부분 아래의 공간도 없고 (2)도 불가능하다.

그런 곳에서는 보통의 체온계는 사용할 수 없다. 열대에서는 보통의 온도계의 체온에 가깝고 좀 더 정밀도가 높은 것을 사용하고 있다는 것이다.

【문제 4】

2리터 병에 물이 가득 들어 있다. 이 물을 될 수 있는 한 빨리 밖으로 내보내서 병을 비우고 싶다. 다음 그림 중 어떤 방법이 제일 빠르겠는가?

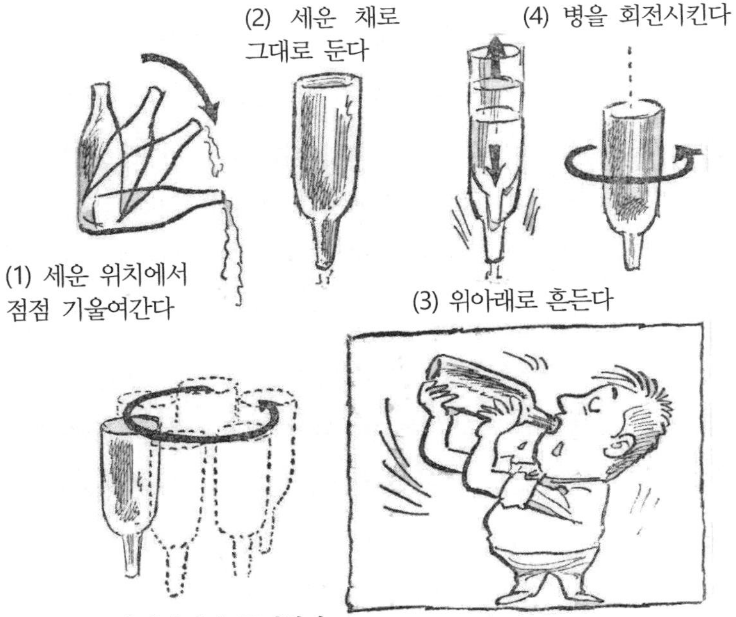

【해답】 (5)가 제일 빠르다.

(5)로 하면 원심력으로 물이 병의 가장자리로 몰리고 중앙에 공기의 「통로」가 생긴다. 이 때문에 물과 공기가 편히 교체되기 때문에 빨리 나온다. 술집 같은 데서 사용하고 있는 방법이다. (2)라면 나온 만큼의 물에 상당하는 공기가 가끔 꾸르륵꾸르륵 소리 내서 들어가기 때문에 그 몫만큼 늦어진다는 것이다.

「욕조 바닥의 마개를 뺐을 때 흘러나가는 물은 빨라서 구멍을 중심으로 회전하기 시작한다. 그 회전방향은 태풍이 불어대는 것과 같은 방향으로 위에서 보아 시계바늘이 움직이는 것과는 반대방향이다. 이것은 지구의 자전에서 오는 것이기 때문에 남반구에서는 반대 회전한다.」라는 이야기를 흔히 듣는데, 실험을 해 보아도 잘 안 된다. 우리 집에서는 오른쪽으로도 왼쪽으로도 도는 것 같다. 아마 욕조의 물은 조용한 것 같지만 실은 움직이고 있어서(물을 넣을 때, 혹은 사람이 들어가서 뜨거운 물을 휘저었을 때의 움직이는 것이 남아 있어서) 그것이 흘러나올 때 물의 회전 방향으로서 나타나는 게 아닐까. 그렇다 치고, 멋있게 설명할 수 있는 방법은 좀처럼 있을 것 같지 않다.

오히려 조용한 방에 둔 담배에서 피어오르는 연기가 비틀어 꼬여지는 방법 쪽이 이야기가 맞을 것 같은 느낌이 든다. 남반구에 가면 역전하는 것을 확인해 보고 싶다.

【문제 5】

다음 그림과 같은 통은 위와 아래에서 굵기가 다르기 때문에 똑바로 굴릴 수가 없다. 그래서 이와 같은 세 개의 연구를 하여 보았다. 똑바로 굴러가는 것은 어떤 것이겠는가?

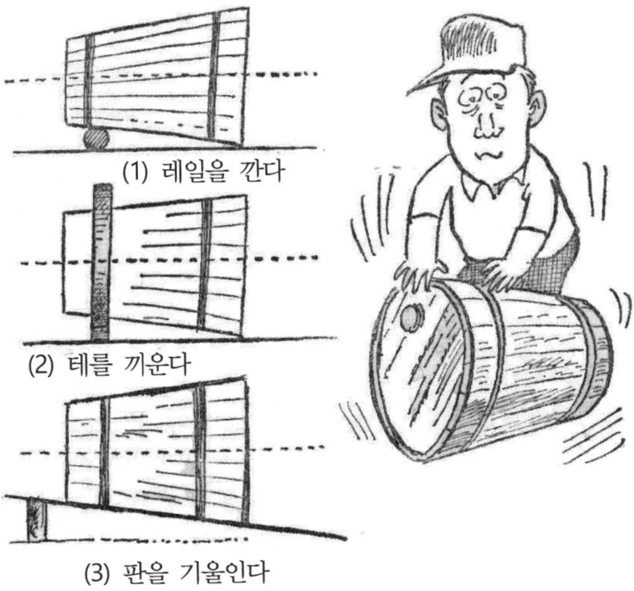

【해답】 (2) **테를 끼우면 된다.**

멍청하게 생각하면 (1)도 (2)도 (3)도 모두 테의 축은 수평하게 되어 있기 때문에 어느 것이나 잘될 것 같다. 그러나 (1)과 (3)은 굵은 쪽의 1회전과 가는 쪽의 1회전의 길이가 다르다. 때문에 (3)은 비탈길 위쪽으로 향해서 돌고 이윽고 한 바퀴 돌아도 원래 자리로 돌아올 것이고, (1)은 굵은 쪽이 레일 쪽으로 돌게 되어 움직이지 않게 된다.

이에 대해서 (2)는 양쪽이 같은 굵기이기 때문에 원통상의 통을 굴리는 것과 같아진다. 그런 까닭에 (2)만이 똑바로 구른다. 하나하나 조건을 생각하고 구체적으로 머릿속에서 재현해 본다. 그리고 거기서 잘못된 것을 소거한다. 이것이 선택지가 붙은 문제를 푸는 기본 방법이다.

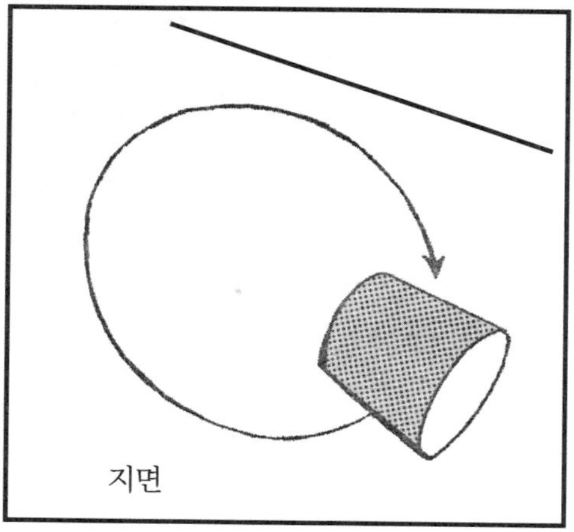

【문제 6】

앉은뱅이저울을 거꾸로 놓았다.

어느 쪽도 정확한 위치에서는 눈금은 정확히 0을 가리키고 있었는데……거꾸로 놓았을 때 나타나 있는 눈금은 대체 무슨 무게이겠는가?

(1) 저울의 무게.

(2) 저울의 무게에서 움직이는 부분의 중량을 뺀 중량.

(3) (2)보다 훨씬 적은 무게.

【해답】 (3)이 옳다.

지금 움직이는 부분이 100그램, 고정 부분이 400그램의 저울을 생각해 보자. 저울의 자체 중량은 이 합계인 500그램이다. 그리고 100그램의 움직이는 부분이 올려져서 눈금이 0이 되도록 조정되어 있다.

거꾸로 하면 이번에는 용수철에는 400그램이 올려지게 되는데, 이 가운데 100그램 분이 올라갔을 때는 눈금은 0이 되기 때문에 100그램을 뺀 나머지, 즉 300그램 분이 눈금으로서 나타나게 된다. (1)은 이 경우 500그램, (2)는 400그램이 되기 때문에 모두 300그램이 아니다. (3)이 정답이 된다. 그러나 보통의 저울에서 움직이는 부분을 나누어서 달 수는 없기 때문에 약간 애매하다. 용수철저울도 거의 마찬가지다.

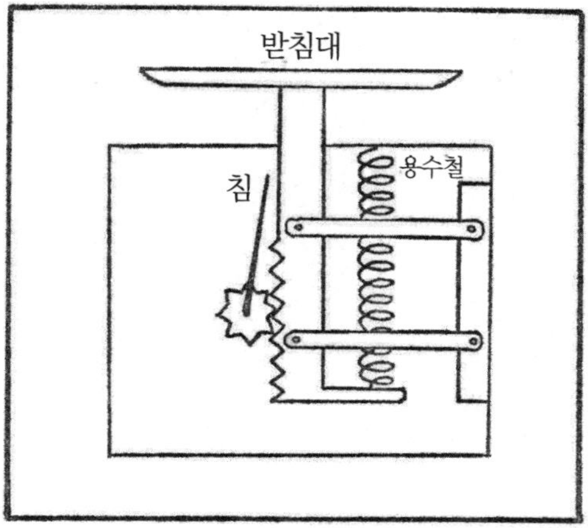

【문제 7】

1킬로와트의 전열기가 있다. 이 니크롬선이 끊어져서 전기 상회에 갔다. 그런데 1킬로와트의 니크롬선은 품절이어서 2킬로와트와 500와트밖에 없다고 한다. 어떻게 하면 1킬로와트가 될 수 있겠는가?

(1) 2킬로와트의 니크롬선을 두 개로 잘라서 그 하나를 사용한다.

(2) 500와트의 니크롬선을 두 개로 잘라서 그 하나를 사용한다.

(3) 500와트의 니크롬선을 두 개 세워서(직렬로) 연결해 사용한다.

(4) 500와트의 니크롬선을 두 개 나란히(병렬) 연결하고 사용한다.

【해답】 (2)와 (4)로 할 수 있다.

이런 문제는 보통의 산수와는 의미가 다르다. 500와트를 둘 합해서 1킬로와트라고는 할 수 없는 것이다. 직렬, 병렬이나 전기저항을 생각해야 하는 것이다. (2)와 (4)의 경우, 어느 쪽이나 1킬로와트의 니크롬선과 같은 전기 저항이 되고 발열량(소비전력)은 1킬로와트가 된다. (2)는 길이를 절반으로 하면 저항이 절반이 되는 것을 이용한 것이다. 그러나 설계상 거기까지 생각하지 않았을 테니까 아마 선의 온도가 너무 올라가서 위험할 것이고, 수명도 극히 짧아서 실용적이지 못하다. (4)의 500와트를 병렬로 사용하면 500와트를 2개 사용한 것과 같다. 병렬이라 해도 2줄을 한 줄의 둥근 홈에 끼워 넣는 것이 아니라, 그림처럼 홈 길이의 중앙(B와 C부분)에 구멍을 두 개 뚫어서 B와 C, A와 D를 서로 연결하고 이 사이에 전기를 흐르게 하면 된다. 약간 지식이 필요하기 때문에 어려웠을지 모르지만, 이 정도는 학교에서 배웠을 것이다.

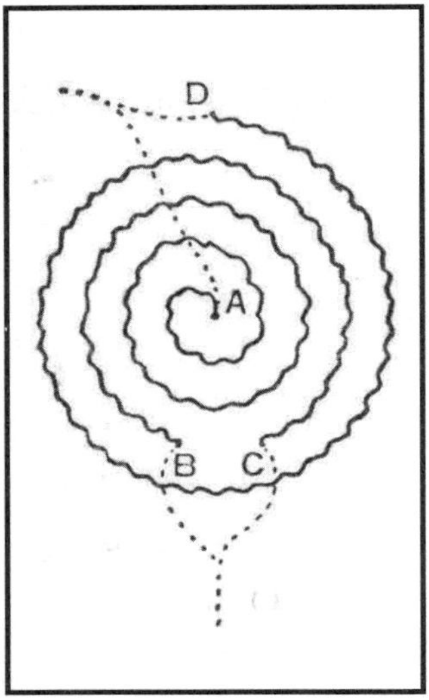

【문제 8】

작은 접시에 알코올을 넣고 한가운데 초크를 세웠다. 알코올이 초크의 상단까지 스며들었을 때 초크의 상단에 점화한다. 불이 타는 모양은 다음 그림 세 가지 가운데 어느 것이 되겠는가?

【해답】 (3) 알코올은 상온에서도 인화하기 때문에.

알코올 램프를 본 사람은 많다고 생각한다. 접시와 같은 용기에서 태우고 끌 때는 뚜껑을 덮는다. 탄 만큼의 알코올은 심을 따라서 보급되고 있기 때문에 안의 액이 없어질 때까지 계속 탄다. 그러면 왜 알코올램프에서는 액면이 나와 있지 않은가. 그것은 액면이 인화되기 때문이다. 문제의 경우, 알코올의 액면이 나와 있기 때문에 곧 불이 붙는다. 액면에 인화되면 그림 (3)이 된다. 옛날의 등불로서는 유채, 새의 기름을 사용했다. 이 경우에는 액면까지 불이 붙지 않는다.

알코올과 유채기름과는 어떻게 다른가.

어렵게 말하면 증기압과 인화되는 온도가 다른 것이다. 알코올은 메틸도 에틸도 인화점이 상온보다 낮은 데 대해 유채기름은 인화점이 240도이다. 다시 말해서 알코올은 상온에서 액 자체가 인화되는 데 대해 유채기름은 240도 이상 열을 가하지 않으면 인화되지 않는다. 때문에 심지를 사용해서 국부적으로 고온의 장소를 만들어서 그 장소의 증기압을 높여서 계속 태울 수 있는 것이다. 이것이 유채기름의 등불이다. 석유스토브로 사용하는 이른바 석유, 정식으로는 등유라고 하는데, 이것도 인화점이 상온보다 높고 그 때문에 석면이나 유리 등의 심지를 사용해서 태우고 있다.

【문제 9】

중화요리 하는 냄비에 물을 넣고 냉장고에서 얼게 한다. 이것으로 거품이 적은 투명도가 높은 맑은 얼음이 만들어졌다고 하자. 냄비에서 떼어내서 태양광선을 집중시키는 볼록렌즈로서 사용하면 초점은 어떻게 되겠는가?

(1) 빛이 얼음 속을 통과하는 동안에 식혀지기 때문에 뜨거워지지 않는다. 초점은 차가워진다.

(2) 적외선은 흡수되어버리기 때문에 밝아지기는 하겠지만 뜨겁지도 차갑지도 않다.

(3) 역시 초점은 뜨거워진다.

【해답】 (3)이 옳다.

투명도가 높은 얼음이라면 당연히 가시광선을 통과시킨다. 그리고 굴절이 일어나기 때문에 초점은 밝아진다. 확실히 얼음은 적외선을 약간은 흡수하지만 빠져나가는 적외선도 상당히 있어서 그것이 초점 부분을 뜨겁게 한다. 유리도 어느 정도 적외선을 흡수하는데, 확대경으로 불을 일으키는 것은 잘 알고 있을 것이다.

물이 든 유리 용기에 햇빛이 비치고 그 열로 탄환을 발사하는 등 밀실(密室) 트릭은 포스트, 루블랑 등이 쓴 추리소설 작품에서 볼 수 있다. 비닐하우스의 천장이 드리워지고 거기에 고인 빗물이 볼록렌즈가 되어 불을 일으켰다는 것은 실제로 있었던 예이다.

옛날, 나는 모 텔레비전 프로에 이 문제를 출제하여 직경 60센티미터 정도 크기의 얼음렌즈에 15킬로와트라는 큰 투광기에서의 빛을 비쳐서 종이를 태우는 실험을 해 보였다. 그런데 얼음의 투명도가 좋지 않았기 때문에 강한 빛을 비치자 녹기 시작해서 길쭉한 6각형의 기둥형으로 무너져버리고 리허설에서 망치고 말았다. 그러나 초점 면에 손을 댔더니 상당히 뜨거웠던 것은 기억하고 있다.

【문제 10】

가로등이 하나만 있는 쓸쓸한 밤길에 한 남자가 접어들었다. 담과 평행하게 똑바로 걷고 있다 하고, 이 남자의 머리 꼭대기의 그림자는 그림에서 어떻게 움직이게 되겠는가? 물론 길은 수평이라고 한다.

(1)처럼 바깥쪽으로 불룩해진다.

(2)이며 똑바로 변하지 않는다.

(3)이며 그림자는 다가감에 따라서 수축된다.

【해답】 (2) **똑바로가 옳다.**

전구의 높이를 L, 사람의 높이를 M이라 하면 그림 AP와 BP의 비는 L대 M이 된다. P에서 담을 향해서 수선을 내리면 AP와 BP의 비는 DP와 CP의 비와 같기 때문에 결국은 DP와 CP의 비는 L대 M이 된다.

그러면 DC대 DP는 (L마이너스 M) 대 L이 되고 L, M, DC가 언제나 일정하기 때문에 DP도 일정하다. P의 궤적은 담이나 사람이 걷는 길에 평행이 되기 때문에 해답은 (2)가 된다. 어쩐지 (3)이 될 것 같다고 생각하는 사람의 생각은 「사람이 가로등 가까이 걸을 때는 그림자가 짧아지기 때문에」라고 하겠지만, 분명히 짧아져도 그 머리가 직선운동을 하는 것은 위의 그림에서 명백하다.

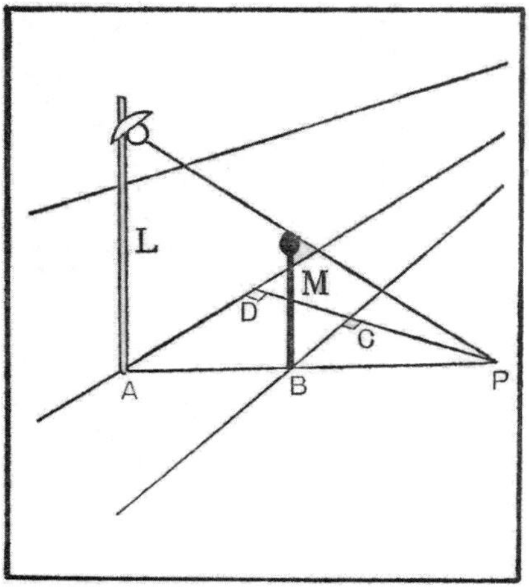

<이 장의 정리>

뉴욕에 얼마 동안 있을 때 친구가 이상한 콩을 사 가지고 왔다. 커피콩만한 작은 콩은 마치 살아있는 것처럼 호텔의 테이블 위에서 꿈틀꿈틀 움직이는 것이었다. 처음에는 친구의 장난인 줄 알았다. 보이지 않는 실이나 혹은 테이블 아래에 감춘 마그넷으로 움직이고 있다……원래 콩이 저절로 움직이는 일이란 있을 수 없기 때문에……그렇게 생각했다. 친구는 그렇지 않다고 말하고 내 손에 얹어 주었는데 역시 틀림없이 움직인다. 저절로 움직이고 있는 것은 확실했다.

여기서 무한한 에너지를 뽑아낼 수 있지 않을까? 나도 기술자 나부랭이다. 처음에는 진심으로 생각했다. 좋다, 이렇게 되었다면 어떻게든 메커니즘을 발견해 보자. 이렇게 약 만 하루 동안 진심으로 콩과 마주 대하고 있었다. 그 다음이 소거법의 실습이었다.

실도 아니고 마그넷도 아니고, 그런 인위적인 힘은 없다. 사 가지고 온 친구도 내가 이렇게 진심이 되는 바람에 걱정스러운 듯이 들여다본다. 그도 실은 원인을 모른다. 그에게 시계를 보게 하고 여러 가지 조건을 바꾸면서 1분 동안 움직이는 횟수를 측정한다. 물을 끼얹기도 하고 건조하기도 했지만, 아무래도 그것도 이유가 되지 않은 것 같았다. 이윽고 창에서 들어오는 아침햇살이 비치자 여전히 움직이고 있는 것을 발견했다. 어둡게 하자 훨씬 얌전하다. 결국 빛에너지를 기계적 에너지로 바꾸는 모양이라고 결론을 내렸는데, 어떻게 되어 있는지 알 수가 없다. 결국 체념하고 안을 보자 하고 면도칼로 쪼개 보고는 깜짝 놀랐다.

구더기와 같은 하얀 벌레가 있어서 그것이 안에서 갑자기 몸을 젖혔다 오므렸다 할 때마다 움직이는 것이었다. 알몸으로 하고 빛을 비치자 여전히 힘차게 움직인다. 영구기관의 꿈도 덧없이 사라져 버렸다.

점핑이라 불리는 멕시코 산 콩으로 안에 나방이 들어 있다. 성충이 될 때 콩을 먹고 깨고 밖으로 나온다. 어미는 알을 콩이 꽃피는 시절에 붙여 낳는다는 것을 귀국한 후에 알았다. 친구의 말인데, 이 콩은 보면 움직이지만 다른 데를 보고 있으면 움직이지 않는 것 같으니 「시선 에너지」를 동력원으로 하고 있는 것 같다는 가설까지 등장했다. 여러 가지 생각이 머리를 스치고 여러 가지 가능성은 하나씩 사라져 갔다……. 즐거웠다. 과학적인 학설도 이 콩의 탐구와 본질적으로 같은 과정을 밟아온 것도 적지 않다. 이것도 저것도 아니라는 어프로치가 있다. 특히 두 개의 상반하는 설이 대립했을 때 발표자는 자기 설을 지키기보다 다른 설의 결함을 찌른다. 공격은 최대의 방어라는 것은 이 세계에도 통용된다. 확실히 「방해되는 것은 없애라.」 이다.

PART 4. 극단적으로 생각하다

이 장의 목적—과장해서 생각하다—극단적

한 가게에서 어떤 상품에 사들인 값의 20%를 더한 정가를 붙였다. 그런데 좀처럼 팔리지 않아서 「정가의 20% 코너」의 상품으로서 내놓으면 즉시 팔려 버렸다. 이 가게는 이 상품에 관해서 손해 본 것인가 득을 본 것인가?

이런 수학 퍼즐이 있다. 이 책의 독자라면 설마 「손득 없음」이라고 대답은 하지 않겠지만, 손이냐 득이냐, 라고 묻는다면 순간 망설여질 때도 있을 것이다. 이럴 때 극단화해 본다. 그러면 100엔의 것을 200엔의 정가로 하고……100% 할인으로 판다면……공짜로 파는 것이니 손해 볼 것임은 뻔하다, 라고 곧 대답이 나온다.

20% 정도의 오르내림으로는 약간 가늠하기 곤란할 때 100%로 증진해서 그 변화를 본다고 하는 테크닉이다. 20%의 경우 (1+0.2)x(1−0.2)로 4%의 손이 된다. 물론 이런 경우 20%든 10%든 크기는 달라도 「방향으로서는 같아진다.」라는 전제가 필요하기 때문에 이 극단화 사고가 어떤 경우에도 사용할 수 있다는 것은 아니다. 주의해서 문제에 도전하기 바란다.

【문제 1】

후지산 정상에서는 90도 이하에서 물이 끓는다. 대기압이 낮기 때문에 100도가 되지 않아도 물은 비등하는 것이다.

압력이 낮으면 이와 같이 저온에서 익힐 수 있는 것이다. 저온이라면 연료비도 적게 든다. 그런데 요리를 하는데 가압솥(압력솥)은 있어도 저압솥은 볼 수 없다. 저압솥을 사용해서 에너지 절약으로 요리하는 쪽이 합리적이 아닐까?

【해답】 합리적이라고는 말할 수 없다. 요리에 필요한 것은 비등이 아니라 온도이기 때문에.

가열에 의한 요리란 어떤 온도에 어떤 시간을 유지하면서 단백질이나 전분 등을 변질시키는 것이다. 저압력에서는 70도나 80도로도 끓게 할 수 있기 때문에 냄비 속에서는 부글부글 소리를 내며 「끓고」 있게 된다. 그러나 먹어 보면 「덜 익은」 것이다. 「끓고 있는 것」이 익는 데 필요한 것이 아니라, 어떤 온도까지 유지할 필요가 있기 때문이다. 그다지 경험이 없는 등산가들이 반합에 밥을 한다고 하다가 이와 비슷한 실패를 자주 하고 있다.

때문에 높은 산 정상에서 보통으로 지은 밥은 곤란하기 때문에 압력솥을 사용하여 안의 압력을 올려……라는 것은 끓는 온도도 올려서 익히면 충분히 익어서 맛있게 된다. 마찬가지로 산 정상이 아니라 낮은 지대에서도 가압솥을 사용하면 보통보다 더욱 고온으로 요리를 할 수 있기 때문에 더 잘 익는다.

옛날 솥으로 밥을 지을 때는 아주 두껍고 무거운 뚜껑을 사용했다. 이것은 그 가압의 효과를 안 옛날사람들의 지혜인 것이다.

【문제 2】

오른쪽과 왼쪽의 길이가 상당히 차이가 나는 천평이 있다. 이것을 사용해서 우선 오른쪽 접시에 1킬로그램의 분동을 놓고, 왼쪽 접시에 설탕을 얹어 놓고 밸런스를 잡았다. 이 설탕을 내려놓고 대신에 1킬로그램의 분동을 놓는다. 이번에는 오른쪽 접시에 다른 설탕을 얹어놓고 다시 밸런스를 잡았다. 이 설탕을 앞에서 내려놓았던 설탕에 더한다. 그러면 이 설탕의 중량은…….

(1) 2킬로그램보다 가볍다.

(2) 2킬로그램.

(3) 2킬로그램보다 무겁다.

【해답】 (3) 2킬로그램보다 무겁다.

극단적으로 생각하여 본다. 그림처럼 l과 m이 2대 1이라고 가정해 보면 첫 번째로 내려놓은 설탕은 500그램이지만 두 번째에 내려놓은 그것만으로도 2킬로그램이다. 때문에 합계 2.5킬로그램이 된다. 오른쪽과 왼쪽의 팔의 길이가 같을 때만 2킬로그램이 되지만 그 다음은 어느 쪽이 길어도 2킬로그램보다 무거워져 버린다. 팔의 길이를 m 대 l로 하면 위에서 든 식의 킬로그램(0.5킬로그램) 많아지는 것이다. 계산이 밝은 사람은 지레의 원리를 식으로 바꾸어서 이 해답을 내주기 바란다.

화학 실험실 같은 데서 사용하는 천평은 상당히 정밀하게 만들어져 있다. 지점에 단단한 루비 같은 것을 사용하여 닳지 않도록 하고 있다. 그래도 오른쪽과 왼쪽에서 다소의 길이의 차가 있는 것이 보통이다. 물체를 왼쪽에 얹고 단 값과 오른쪽에 얹고 단 값을 비교하여 차가 있으면 저울대의 길이가 달라져 있는 것이다.

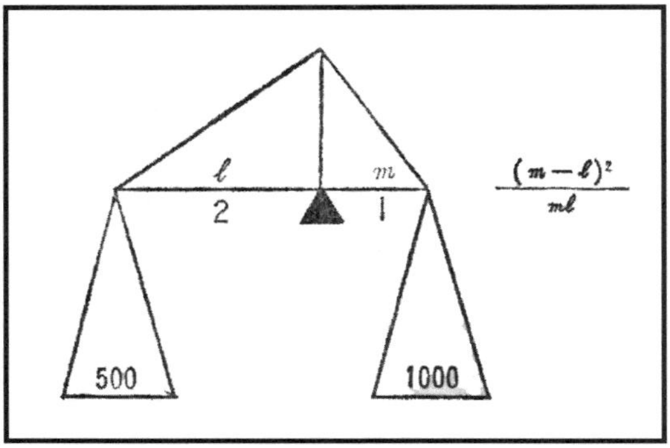

【문제 3】

한 야구장에서 투수와 타자가 이런 내기를 하고 있다. 타자는 그림처럼 배트를 비스듬히 잡고 투수가 가진 공과 배트의 끝이 같은 높이가 되도록 한다. 이것으로 투수와 타자가 동시에 손을 놓으면

타자 : "내 배트의 끝 쪽이 빨리 지면에 닿는다."

투수 : "내 공 쪽이 빨리 지면에 닿는다."

이 내기는 어느 쪽이 이기겠는가?

【해답】 배트 쪽이 빠르다.

배트는 강체(剛體)이고 맥없이 휘어지지 않는다. 그리고 배트의 중심은 훨씬 아래쪽에 있다. 그래서 배트를 그림의 아래처럼 단단하고 엷은 판자 위에 무거운 쇠를 접착한 것과 바꿔놓고 생각한다. 쇠가 판에 비해서 훨씬 무거우면 손을 놓았을 때 쇠는 단지 쇠가 거기서부터 떨어지기만 하는 때와 거의 다를 바 없는 시간으로 지면까지 떨어진다. 그때 판은 쇠에게 눌려서 손으로 받치고 있던 쪽의 끝도 쇠와 마찬가지로 지면에 닿는다.

쇠가 떨어지는(엄밀하게는 회전인데, 큰 각도가 아니면 낙하라고 생각해도 그다지 알 수 없다) 시간은 볼이 떨어지는 시간보다 그 거리가 짧기 때문에 훨씬 짧다. 볼보다 배트 쪽이 빨리 떨어진다고 결론 내릴 수 있는 것이다.

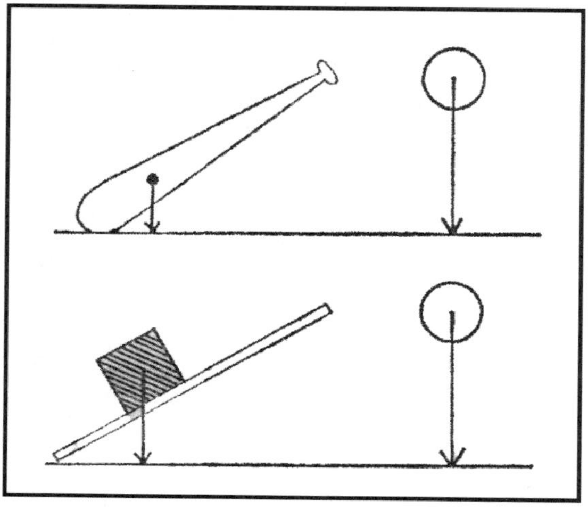

【문제 4】

2미터 정도라면 어떻게든 뛰어넘을 자신이 있는 남자가 있었다. 어느 날, 연못에 놀러와서 기슭에서 2미터 떨어진 곳에 떠있는 보트에 뛰어 탔다.

그러면 이 남자가 반대로 기슭에서 2미터 떨어진 보트에서 기슭으로 뛰어 돌아갈 수 있겠는가?

【해답】 돌아올 수 없을 위험이 크다. 물에 떨어질 우려가 있다.

기슭에서 보트로 뛸 수 있다면 보트에서 기슭으로 뛸 수 있지 않겠는가 하고 생각해서는 안 된다. 보트에서 기슭으로 뛸 때 자신의 몸을 앞으로 내밀려고 하면 반드시 보트를 뒤쪽으로 차야 할 것이고 보트는 그 힘으로 후퇴한다. 후퇴한 것만큼 몸이 앞으로 나가기 어려워지는 것이다.

보트는 가벼우면 가벼울수록 후퇴하기 쉽다. 보트가 아니라 퀸엘리자베스 호였다면 상대가 무거우니까 후퇴는 거의 없고 정확히 기슭에 뛰어넘을 수 있을 것이다.

기슭에서 보트로 뛰어넘을 때도 분명히 기슭을 차지만 기슭 쪽은 충분히 무겁고 (상대는 지구이다!) 실제로 전혀 후퇴하지 않는다. 때문에 찬 힘을 충분히 전진에 사용할 수 있는 것이다.

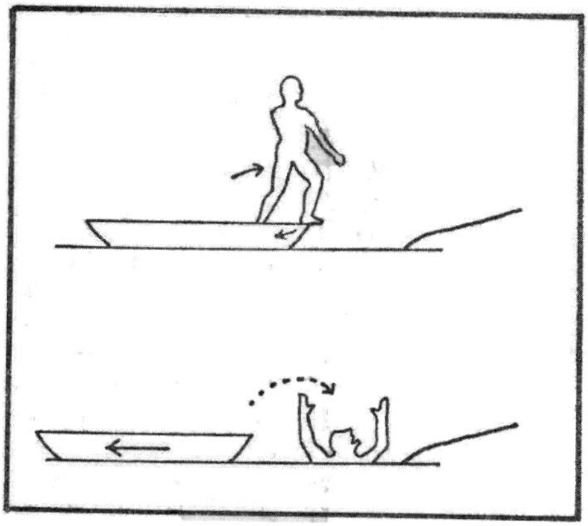

【문제 5】

석유를 파는 깊은 우물이 있다. 그 밑바닥에서 어떤 남자가 앉은뱅이저울을 사용해서 사과의 중량을 쟀다. 이 남자가 이번에는 같은 사과를 지표에서 재기로 했다. 우물 밑바닥과 비교하면 사과의 중량은 어떻게 되겠는가? 지구의 자전은 생각하지 않기로 한다.

【해답】 무겁게 달 수 있다.

만유인력의 문제이다. 지표에서의 중량을 기준으로 생각해 보자. 우물 밑바닥에서는 「위」에 해당되는 부분(그림의 사선부)의 질량이 반대로 향하는 힘을 주기 때문에 가벼워지는 것이다. 우물이 지구 중심까지 와 있으면 거기는 반구끼리의 인력이 서로 당겨서 무중량상태가 되는 것이다. 중심에 가까우면 가까울수록 가볍다. 지구에서 떨어지면 거리가 멀어져서 인력이 줄고 이것도 가벼워진다. 결국 지표가 제일 무겁게 달 수 있는 장소라는 것이 된다. 만유인력이란 그 이름이 나타내고 있듯이 온갖 물체 사이에 작용하는 인력으로 서로의 질량에 비례하고 거리의 2제곱에 반비례하고 있다.

지구 중력의 주요 부분은 그 만유인력이다. 한 연구소에서 지구의 중력을 정밀하게 측정하고 있으면 한 시기에서 중력이 거의 일정한 속도로 조금씩 줄기 시작하여 몇 개월쯤 그것이 계속된 후 이전보다 낮은 일정한 값이 되었다. 처음에는 그 원인을 알 수 없었지만, 마침 그 시기가 연구소 바로 옆의 높은 빌딩의 건축공사 기간과 일치하고 있었다는 데서 건물로부터의 만유인력이라는 것으로 결착되었다 한다. 다름 아닌 그 기간 동안 건물이 높아지는 속도를 재고 있었음에 불과한 것이다.

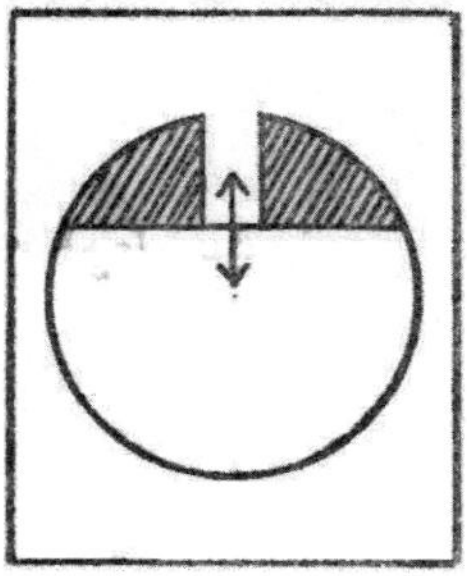

【문제 6】

프로펠러기가 비행 중 한쪽 날개의 선단이 어떤 원인으로 부러져 떨어졌다. 이 순간 반대쪽 날개는 위와 아래 어느 쪽으로 기울겠는가?

【해답】 위로 기운다.

마주보고 오른쪽 날개가 부러지면 그만큼 가벼워져서 반대쪽은 내려간다……라고 생각한 사람은 없었는지. 시소의 판이 부러졌다면 그렇게 될 것임은 뻔한 일이지만 비행기에서는 그렇게 되지는 않는다. 시소는 지점에서 판의 하중을 지탱하고 있지만 비행기의 경우, 날개가 동체를 지탱하고 있는 것이다. 그 날개에는 공기에서 오는 양력(揚力)이 항상 작용하고 있다. 이렇게 위로 향하고 있는 힘이 있기 때문에 그렇게 무거운 것이 하늘을 나는 것이다. 때문에 날개가 꺾어진 쪽은 그 면적이 줄기 때문에 양력이 떨어져서 반대쪽의 양력 때문에 위로 기운다.

날개가 떨어진 후에 어떤 파국이 기다리고 있는지 필자는 관여하지 않는다. 그러나 전쟁 전, 한쪽 날개를 절반이 떨어져 나갔어도 정확히 조종하여 기지까지 돌아온 운이 좋은 군인의 이야기를 들은 적이 있다. 잘 조종하면 어떻게 되는 모양이다.

단지, 747이니 DC-10 같은 제트기를 타고 있을 때 난기류에 시달리는 것은 딱 질색이다. 그 큰 기체가 결코 강체가 아니라 날개가 삐거덕거리는 소리를 내면서 창 밖에서 휘어지는 것을 보는 것은 그다지 좋은 기분은 아니다.

【문제 7】

「움직이는 보도」의 위를 그 진행방향으로 걸으면 보통 걷는 것보다 빨라진다. 반대로 향해서 걸으면 늦어지는 것은 당연하다.

그러면 움직이는 보도 위를 걸어가서 돌아올 때는 반대를 향해 그 위를 걸어 돌아오면 같은 거리를 보통의 길에서 왕복하는 것과 어느 쪽이 왕복에 요하는 시간이 짧겠는가? 어느 쪽도 「걷는 속도」는 같다고 생각한다.

(1) 움직이는 보도.

(2) 같다.

(3) 보통의 길.

【해답】 (3). **보통의 길.**

극단적으로 생각해 본다. 움직이는 보도가 걷는 것보다 빠르면 「가는 것」은 좋지만 「돌아오는 것」은 안 된다. 돌아올 수 없게 된다. 소요시간은 무한대……확실히 늦다고 말할 수 있다. 움직이는 보도가 그렇게 빠르지 않은 경우에도 늦어질 것이라고 짐작이 갈 것이다. 극단화 사고로 해결할 수 있는 예이다. 일정한 속도로 흐르는 강물을 오르내리는 배의 소요 시간의 계산과 같은 문제이니, 식으로 풀어보기 바란다.

태평양을 횡단하는 여객기는 서에서 동으로 향해 부는 제트기류에 타면 당연히 미국에 빨리 갈 수 있지만, 반대로 일본을 향할 때는 이 기류가 헛되이 된다. 도쿄—샌프란시스코는 9시간 10분에 갔는데 반대로 도쿄로 돌아오는 JAL의 001편은 10시간 45분이나 걸려서 정말 지긋지긋했다. 20% 가까이 많은 시간이 걸리는 것이다. 가령 나는 코스가 같다고 하면 이 기류가 없는 쪽이 왕복의 시간이 짧을 것이다……라고 말해도 계산으로는 겨우 왕복 8분이 빠를 뿐이지만. 지하철에 있는 움직이는 보도에서는 대부분의 사람이 짐을 내려놓고 서 있다. 그것은 원래 그 위를 걷는 것이다. 에스컬레이터도 사람들은 그저 서서 타고 있는 사람이 많은데 유럽에서는 서 있는 사람은 오른쪽에 서고 좌측 절반은 「추월 차선」으로서 비워두는 것이 에티켓이다.

【문제 8】

자동차 안에 풍선을 넣었다. 풍선의 실을 자동차 바닥에 묶어서 놓는다면 안의 수소 때문에 실은 팽팽해져서 그림처럼 되었다. 이 자동차를 일정한 속도로 달리게 하여 급브레이크를 밟으면 풍선은 그림의 어느 쪽으로 기울겠는가? 창은 닫혀 있다고 한다.

【해답】 (B). 뒤로 기운다.

밖에서 힘을 받지 않는 물체는 정지 또는 등속도운동을 계속하려고 한다. 이것이 관성이다. 때문에 자동차 안에 사람이 타고 있으면 급브레이크로 자동차가 정지하려고 해도 안의 사람은 여전히 운동을 계속하려고 한다. 사람은 자동차에 대해서 앞쪽으로 기운다. 이것도 관성이다. 그 사람이 타의든 자의든 다를 것 없다. 그런데 수소를 채운 풍선도 마찬가지로 앞으로 나가려 하지만 주위의 공기도 나가려 한다. 이런 관성은 무거울수록 크기 때문에 공기 쪽이 수소에 우선하여 앞으로 나간다. 결국 풍선은 뒤로 갈 수밖에 없게 되는 것이다.

비행기에 타면 손님은 시트벨트로 의자에 고정시킨다. 갑자기 정지한 경우 관성으로 의자에서 튀어나가지 않도록 하기 위해서이다. 물론 자동차에 붙어 있는 시트벨트도 목적은 마찬가지이다. 또 비행기에 탈 때마다 필자는 생각하는 것인데 비행기가 갑자기 전진 가속하는 것보다 부딪친다든지, 동체 착륙으로 뒤를 향해 급격한 가속도를 받는 것 자체가 그 가속도의 강약으로 볼 때 단연코 크다. 때문에 여객은 모두 뒤를 향해 앉는 것이 안전하지 않을까. 혼자만으로는 앞을 향한 사람과 마주 대하게 되고 약간 거북하긴 하지만.

【문제 9】

한 탐험가가 북극점의 바로 위에 도착했기 때문에 자석을 꺼내서 보았다. 바늘의 「N」은 어느 쪽을 향하겠는가?

【해답】 캐나다 쪽을 향한다.

북극점이라는 것은 지구의 회전의 중심이지 자석의 N이 향하는 중심점은 아니다. 때문에 자석의 바늘은 그 중심점 즉 캐나다 북부에 있는 「북자극」의 방향을 향한다. 그러나 지자기(地磁氣)에는 편각이라는 현상이 있다. 예를 들면 도쿄 부근에서는 캐나다 북부를 가리키는 것이라면 북쪽보다 약간 동쪽을 향해 가리키는 것인데 6도 정도 서쪽을 향해 가리킨다. 그 때문에 북극점에서는 북자극의 약간 서쪽(서경 120도~130도 정도)을 가리킬 것이다(가리키는 방향에 「편각 180도」라는 등편각선이 있고 그 선은 좌로 꺾여서 북자극으로 들어간다).

오래 전 여름, 나는 파리에서 앵커리지를 경유하여 나리타로 돌아왔다. 그 점보기 안에서 진행 우측에 북극점이 있을 텐데, 전혀 반대방향, 즉 좌측으로 N이 향하는 것을 확인했다고 생각한다. 그것은 수평 방향으로 끌리는 힘이 극히 약하기 때문에 바늘은 매우 불안정해서 상황에 따라서는 어느 쪽이든 향하는 경우가 있다. 때문에 기내의 여러 장소에서 측정한 「평균적으로 말할 수 있는」 결론에 불과하다. 북자극의 위에서 자석 N은 바로 아래를 가리킨다. 이것을 복각이 90도라고 한다. 자석의 바늘이 바로 아래를 가리키는 점은 지구상에 또 한 군데 있다. 역시 남극점이 아니라 남극점에서 일본으로 향해 똑바로 북상하여 남극대륙과 바다와의 경계 부근에 있는 남자극이다.

【문제 10】

같은 무게의 쇠구슬과 납구슬이 있다. 이것을 그림처럼 오른쪽과 왼쪽에 실로 매단 다음 막대의 중앙을 실로 매달았다. 두 개의 구슬을 물속으로 살며시 가라앉히면 막대는 어떻게 기울겠는가?

(1) 왼쪽이 내려간다.

(2) 균형 잡힌 채로 있다.

(3) 오른쪽이 내려간다.

【해답】 (3) 오른쪽이 내려간다.

눈알이 걷고 있다. 이것은 누구일까? 「아르키메데스(일어로 읽는다면 "걷는 눈입니다"가 된다)」라고 읽은 모양인데……. 이것은 과학 퍼즐이라고는 할 수 없다.

이 사람이 발견한 이른바 「아르키메데스의 원리」란 「물체의 중량을 유체 속에서 재면 그로 인해 배제된 유체의 중량만큼 진짜 무게보다 가벼워진다」라는 것이다. 문제의 그림에서도 알 수 있듯이 납 쪽이 쇠보다 비중이 크기 때문에 같은 중량끼리라면 쇠쪽이 부피가 크다. 그것은 아르키메데스의 원리에서 쇠 쪽이 납보다 물을 보다 많이 배제한다. 결과로서는 쇠가 보다 가벼워지기 때문에 오른쪽이 내려가는 것이다.

쇠 대신에 큰 나뭇조각(물론 납과 같은 무게)을 매달았으면 어떻게 될까. 나뭇조각은 떠버릴 테니까 당연히 오른쪽이 내려간다. 쇠를 나뭇조각으로 바꿔 놓는다고 하는 「극단적인 경우를 생각한다」는 발상으로 곧 알 수 있다고 하는 좋은 예이다. 그런데 아르키메데스는 이 부력의 법칙 외에 또 하나 중요한 법칙을 발견했다. 그것은 「지렛대의 원리」이며, 그 유명한 「내게 막대와 지탱점을 달라. 그러면 지구를 움직여 보이겠다.」라고 말했다고 하는 전언을 남기고 있다.

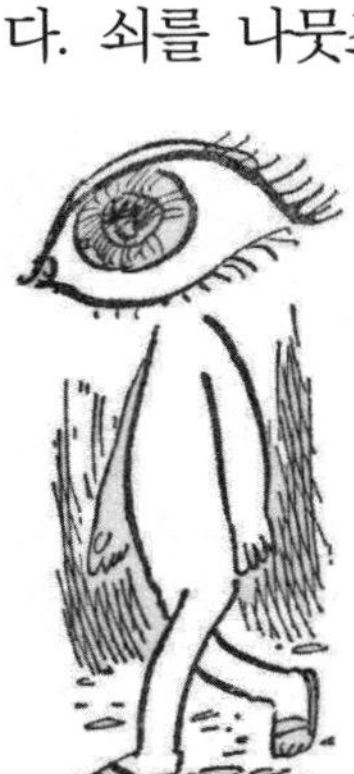

【문제 11】

그러면 앞 문제의 응용문제. 그림처럼 중앙에서 균형 잡힌 막대의 한쪽 끝에 쇠구슬을 매단다. 다른 한편에 이것보다 크고 무거운 쇠구슬을 막대가 수평하게 균형 잡히도록 위치를 정해서 매단다. 이 두 개의 구슬이 수면 아래로 들어가도록 내리게 하면 어떻게 되겠는가? 단 막대와 실의 무게는 무시한다.

(1) 오른쪽이 내려간다.

(2) 균형 잡힌 채 있다.

(3) 왼쪽이 내려간다.

【해답】 (2) 균형 잡힌 채.

가령 오른쪽의 구가 왼쪽 공의 2배의 중량이 있다고 하자(이것은 몇 배를 가정해도 대답에는 틀림없다). 그러면 지레의 원리에 의해서 지점에서 왼쪽 구까지의 거리는 오른쪽 공까지의 거리의 2배가 된다는 것을 알 수 있다. 어느 쪽이나 쇠이기 때문에 비중에는 차이가 없다. 그렇다면 오른쪽 공은 왼쪽 공의 2배의 부피가 된다. 그러면 그것이 물에서 받는 부력도 2배가 될 것이다(전문 참조.).

그런데 원래 균형 잡혀 있던 막대의 왼쪽과 오른쪽에 1대 2의 부력이 가해지면 막대는 기울 것 같은데 그렇지는 않다. 그 지점에서의 거리가 그 역비(逆比), 즉 2대 1이 되어 있기 때문에 그 부력끼리가 균형이 잡히는 것이다. 앞의 문제에서 부력이 큰 쪽이 올라가려고 기운 것은 오른쪽과 왼쪽 막대의 길이가 같았기 때문이다. 여기서는 막대의 길이의 차이를 생각해야 한다.

이렇게 해서 두 개의 공은 아르키메데스가 발견한 「지레의 원리」와 「부력의 원리」 두 원리로 균형 잡힌 상태인 것이다. 계산식을 사용해서 표현하면 간단히 표현할 수 있다. 여러분도 시험해 보기 바란다.

<이 장의 정리>

녹청(綠靑, verdigris)이라는 구리의 화합물이 있다. 화학명을 염기성 탄산동이라고 하며 옛날부터 맹독이 있다고 일컫고 있었다. 그런데 이것이 해롭지 않은 모양이다. 동물실험에서 추측해 보면, 사람이 1그램 정도 먹어도 아무렇지도 않은 모양이다. 그러나 100그램을 먹는다면 죽는 사람도 있겠지, 라는 것이다.

100그램을 먹고 죽는다면 역시 소량이라도 독임에는 틀림없다고 하는 사람이 있다. 이것은 극단화 사고의 사고방식인데 이런 때 이 사고법을 사용해서는 안 된다.

예를 들면, 누구든 물을 1톤이나 마시면 죽을 것이다. 1톤에 죽는다면 100c.c로도 아마 다소는 해로울 것이다. 때문에 물은 일체 마셔서는 안 된다……라는 결론은 잘못이다. 그런 점을 판별하지 않고서는 이 사고법은 사용할 수 없는 것이다.

식염을 누구나 해롭다고는 말하지 않는다. 되풀이하지만 그러나 15그램이나 먹으면 죽는 사람이 나온다. 옛날 징병을 기피하기 위해서 간장을 마시고 나간 사람이 있었다. 몸속에는 칼륨과 나트륨의 미묘한 밸런스가 있어서 그것이 무너지면 심장에 이상이 생기고 심한 경우에는 죽는다. 간장으로 이상해지는 것도 포함되어 있는 식염에서 오는 나트륨의 지나친 섭취인 것이다. 그러나 소량의 나트륨 분은 오히려 몸에 필요한 것이다. 때문에 양적으로 보아서 물이나 식염이 해롭지 않은 것과 마찬가지로 녹청도 해롭다고는 말할 수 없는 것이다.

설탕의 400배나 달다고 하는 사카린은 그 결정을 혀 위에 얹어

놓아도 달지 않다. 오히려 쓴 맛이 난다. 엷은 용액으로 하면 비로소 단 맛이 나는 것이다. 이와 같이 특히 생체에 관해서는 양적 변환이 질적 변환을 일으키기 쉽기 때문에 극단화 사고를 적용할 수 없는 경우가 많다. 비타민은 분명히 부족하면 좋지 않지만, 최근에는 오히려 그것을 지나치게 섭취로 인해 약해(藥害)가 문제시되고 있다.

분명히 문제 해결의 방법으로서는 극단화 사고는 매우 효과적이지만 잘못 택하면 큰 오해까지도 야기시킬 가능성이 있다. 그런 점에서 적용 범위를 지켜 사용해 주기 바란다.

PART 5. 변화를 생각하다

이 장의 목적—만물은 유전한다—변화

“200엔의 무가 180엔이 되었다면 싸졌다고 누구나 말할 것이다. 하지만 1달러가 200엔이 180엔이 되었는데 왜 엔고인지 알 수가 없어요.”

이 사람에게 나는 이렇게 대답해 주었다.

“200엔의 무가 180엔이 되면 무는 싸졌다……그건 확실히 그렇습니다. 그와 마찬가지 이치로 1달러가 200엔에서 180엔이 되면 확실히 싸졌습니다. 그러나 그것은 달러가 싸진 겁니다. 무도 달러도 값이 내렸다는 것은 그 교환 대상인 엔의 가치는 올라갔다는 겁니다.”

그러나 이 엔・달러 환율의 변화를 예측하기는 대단히 어렵다. 나 자신 금년 여름의 동유럽 여행에서 이 대 변동 때문에 큰 손해를 보았다. 그러나 여행 동료는 그것을 예측했었는지 서독의 마르크와 교환해 갔던 사람이 있는데, 「변화를 파악」하는 명인임에 틀림없다.

돈의 변화를 예측할 수 있으면 크게 벌이도 될 것이다. 과학의 세계에서도 지진이나 기상과 같은 예측하기 어려운 세계도 있겠지만, 일반적으로는 좀 더 「아름답게」 변화하는 것이 더 많은 것 같은 느낌이 든다. 다만 그 변화의 방법을 어떻게 파악하느냐가 문제인 것이다.

【문제 1】

여름 더운 날, 헬륨 기구의 바스켓에 타고 한 남자가 하늘로 올라갔다. 위쪽으로 올라감에 따라서 기구는 바람에 불려서 흘러가기 시작했다. 다음은 지상과의 교신이다.

지상 : "어떤가? 전망이 좋지?"

기구 : "좋다."

지상 : "기온은?"

기구 : "지금은 지상과 똑같다."

지상 : "그래? 하지만 바람이 불어서 시원하지?"

……그런데 기구에서의 대답은?

【해답】「지상보다 더 덥다.」

바람에 불려서 흐르고 있는 지상에서 보면 정말 시원한 바람이 타고 있는 사람에게 불고 있듯이 착각하기 쉽다. 그러나 바람에 불려서 흐르기만 하는 기구는 바람과 같은 속도로 흐르기 위해 공기와의 상대 속도는 0, 즉 바람은 전혀 없는 것이다. 기구 위에서 담배를 피우면 연기는 곧장 올라갈 뿐이다. 지상에서 약간의 바람이 불어서 시원해도 같은 기온(습도는 별도로 하고)의 기구로서는 바람이 없기 때문에 좀 더 더울 것이다.

몸으로 느끼는 온도(체감 온도)는 주로 기온으로 정해지는데, 바람이 불고 있으면 보통 매초 1미터마다 한 번 정도의 기온이 내려간 것처럼 느끼게 되는 것이다.

또 한 가지, 체감온도를 지배하는 큰 요인은 습도이다. 기온이 30°C를 넘으면 습도가 10% 많아질 때마다 체감온도는 1°C씩 높아진다. 그 영향을 생각하고 만들어진 지수를 불쾌지수라고 한다. 습도 95%, 기온 25°와 습도 35%, 기온 30°와는 어느 쪽도 불쾌지수 76으로, 마찬가지로 체감온도가 된다. 또 이 불쾌지수가 왜 70이니 80이니 하는 숫자로 표현되고 있는지 이상하게 생각하고 있었는데, 아무래도 이것은 미국식의 화씨(F) 표시의 기온의 감각에서 오고 있는 것과 같은 것이다.

【문제 2】

같은 크기, 같은 톱니 수의 톱니바퀴 A와 B가 있다. 각각의 축은 고정되어 있고 A는 일정한 속도로 돌고 있다. 이 A의 회전을 B로 옮기고 싶은데, 작은 톱니바퀴 X를 끼우는 것과 큰 톱니바퀴 Y를 끼우는 것과 어느 쪽이 B의 회전수가 커지겠는가?

(1) X를 낀다.

(2) Y를 낀다.

(3) 같다.

【해답】 (3) 같다.

톱니바퀴 X가 A보다 작으면 확실히 X의 회전수는 A보다 크다. 그러나 X가 빨라도 A로 가면 꼭 반대의 비율로 늦어지기 때문에 결국은 A와 B의 회전수는 같아진다.

반대의 Y의 경우에는 Y 자체가 계속 늦게 회전하고 있는데 X와 같은 논리로 A와 B는 같은 속도가 된다. X와 Y 어느 쪽도 B는 A와 같은 회전수……(3)이 되는 것이다.

어떤 톱니바퀴를 끼우든 A가 일정 시간에 보내는 톱니 수와 B가 받아들이는 이 수와는 같아지는 것이다.

톱니바퀴의 원어를 기어라고 하는데 톱니바퀴의 역사는 상당히 오래 되었다. 그리스 시대에 이미 사용된 형적이 있고, 아리스토텔레스가 사용했다는 설도 있다.

기어의 여러 가지

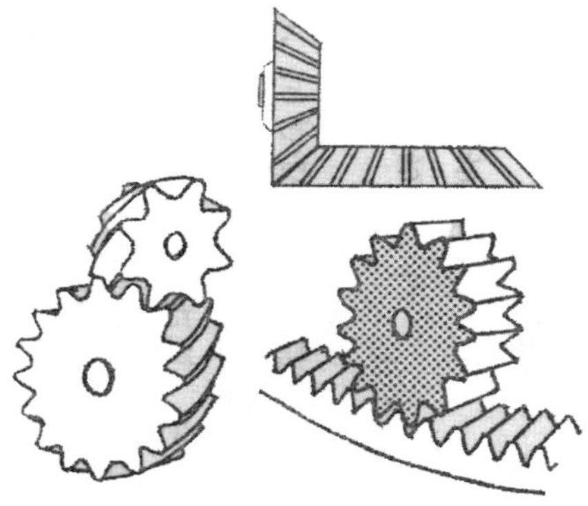

【문제 3】

동생이 정원의 나무줄기에 작년에 붙인 자기의 키 높이 표시와 키를 비교하고 있다.

형이, "바보 같으니라구. 나무 쪽도 자라니까 그 표시와 비교해도 얼마나 네가 자랐는지 알 수 없다구."라고 말했다.

이 형의 의견이 옳은 것일까?

【해답】 옳지 않다. 식물은 선단에서 뻗어가는 것이 보통이니까, 그보다 아래 줄기 부분에는 거의 변화가 없다.

나무에 표시한 것은 나무가 자라도 따라 올라가지 않는다. 나무는 선단 쪽으로 자라기 때문이다. 다만 밑뿌리 쪽에서도 바깥으로 바깥으로 연륜이 생기면서 굵어져 가기 때문에 정확히 작년과 같은 위치, 같은 모양이라고는 말할 수 없겠지만, 아래 위 방향으로는 변하지 않았다고 보아도 좋을 것이다.

아무튼 동생의 키 대보기는 거의 정확하다고 말할 수 있다. 식물은 일반적으로 선단이 자라기 때문에 이른바 싹을 떼어버리면 생장이 멈춘다. 그러나 죽순이 대나무로 성장할 때는 「전체가 자라는」 식으로 자라는 것 같다. 두발은 밑동부터 자라기 때문에 끝을 잘라도 여전히 자란다. 또 대나무는 하나의 뿌리에서 많은 줄기가 지상으로 나오는 것이다. 따라서 대밭은 뿌리가 빽빽이 차 있기 때문에 지진 같은 것에도 땅이 잘 갈라지지 않는다고 한다.

【문제 4】

큰 산에 길고 곧은 터널을 파기로 되었다. 터널의 출구와 입구의 표고는 같은데 한 기사는 그 사이를 직선으로 연결되어 있는 설계도를 보고 이것은 사정이 좋지 않다고 말한다. 왜 그럴까?

【해답】 중앙부가 낮아지고 터널에 물이 고이기 때문에.

긴 터널을 빛이 진행할 수 있도록 똑바른 선으로 파면 한가운데 주변이 낮아져서 물이 고이게 되는 것이다. 긴 터널에서는 지구의 둥근 형태에 따라서 직선보다 중앙부를 불룩하게 판다. 오히려 솟아나오는 물이 자연적으로 흘러나가도록 그것보다 더 중앙부를 불룩하게 파는 것이 보통이다.

지구의 둥근 형태에 맞추어서 중앙부를 불룩하게 해도 거기는 「놓다」가 아니라 꼭 「수평」이라고 일컬을 수 있어야 한다. 수평면이 평면이 아니라는 것은 태평양의 수면을 생각하면 곧 이해할 수 있을 것이다. 전장 14킬로미터의 터널을 똑바로 파면 중앙부는 양쪽 끝보다 6미터나 낮아지게 되는 것이다.

예를 들면 엄청나게 큰 당구대가 있었다 하자. 그것을 완전히 평면으로 만들어서 네 코너가 같은 표고로 되도록 놓았다 하자. 그러면 이것은 「수평」이 아니라 중앙부가 지구의 중심에 가깝기 때문에 낮아진다. 공은 어디에 놓아도 중심을 향해 굴러가게 된다. 어디에도 비탈이 없는 면을 만들기 위해서는 지구의 구면을 따른 구면의 일부로 하여야 하는 것이다. 다만 중앙부가 낮은 터널도 있다. 해저 터널이 그런 형태이다. 이것은 중앙부를 높게 할 수가 없기 때문에 나오는 물을 펌프로 퍼내고 있는 것이다.

【문제 5】

그림처럼 빨간 물을 가득 넣은 플라스크가 있다. 여기에 긴 유리관을 통한 고무마개로 꼭 막았다. 지금 안의 물은 화살표 있는 곳까지 올라와 있다.

그런데 주전자에서 뜨거운 물을 그림처럼 붓는다면 화살표의 수위는 어떻게 변하겠는가?

(1) 올라간다.

(2) 내려간다.

(3) 일단 내려갔다가 그 다음은 계속 높이 올라간다.

(4) 일단 올라갔다가 그 다음은 계속 낮은 데까지 내려간다.

【해답】 (3)이 옳다.

뜨거운 물을 끼얹으면 우선 유리가 열을 받아 팽창하기 때문에 플라스크 전체의 부피가 늘어나고 수위는 내려간다. 이윽고 물에 열이 전도됨에 따라서 물이 팽창하기 때문에 수위는 상승하게 되는 것이다.

열팽창률은 물 쪽이 유리의 10배 정도 크기 때문에 최종적으로 유리도 물도 따뜻해진 후에는 유리의 「팽창」보다 물의 「팽창」 쪽이 단연코 크다. 그래서 수위는 본래보다 훨씬 높은 데까지 올라온다.

실제로 알코올 온도계 등에서도 마찬가지 움직임이 있는데 잘 보이지 않는다. 그러나 화학실험실에서 사용하는 배크만 온도계라고 하는 1000분의 1°까지 읽을 수 있는 정밀한 온도계의 수은구(水銀球)를 손바닥으로 따뜻하게 하면 수은이 일단 내려갔다가 올라가는 현상을 확실히 볼 수 있다. 수은이나 알코올을 사용한 온도계로는 될 수 있는 한 빨리 안의 액체에 열이 전도되도록 아래쪽 구 부분의 유리는 얇게 만들어져 있다. 때문에 예를 들어서 70도까지의 알코올 온도계를 열탕에 넣으면 안의 액체가 빨리 올라가서 위까지 꽉 차게 되면……위로 솟아오르는 힘에 깨질 것 같지만, 그러나 대부분의 경우 아래의 구 부분이 깨져서 알코올이 나와 온도계의 수명은 다하는 것이다.

【문제 6】

해안에 높은 절벽이 있다. 이 위에서 바다 위의 배를 그림처럼 끌어당겼다. 로프를 당기는 속도는 일정하다 하고, 배의 속도는 안벽에 가까워짐에 따라 어떻게 되겠는가?

(1) 빨라진다.

(2) 속도는 변하지 않는다.

(3) 느려진다.

【해답】 (1) 점점 빨라진다.

여러 가지의 생각 방법이 있다. 간단한 것으로는, 절벽의 끝 A에서 동심원을 일정폭으로 그려보자. 그러면 그림에서도 알 수 있듯이, A 지점에서 일정한 길이를 가까이 당기면 안벽에서 멀면 B의 거리밖에 당겨지지 않는데, D 주변에서는 그것의 3배 정도나 다가온다는 것을 알 수 있다.

그 밖에도 미분방정식을 사용해서 풀면 물론 되겠지만, 그림과 같이 대수롭지 않은 생각으로 해결할 수 있는 문제이다.

다만 실제로 해보는 경우, 배를 잘 보고 있지 않으면 너무 당겨서 배를 끌어올려 버리게 될지도 모른다.

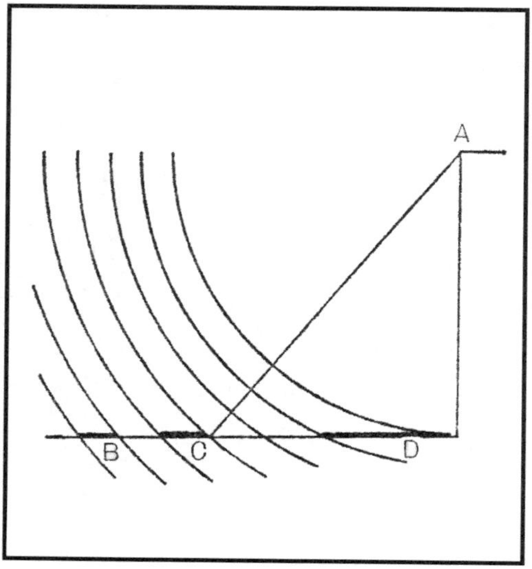

【문제 7】

헬리콥터가 니혼바시에서 날아서 남으로 남으로 1,000킬로미터를 날았다. 거기서 왼쪽으로 커브 꺾고 오가사와라 제도를 왼쪽으로 내려다보면서 동으로 동으로 위도선을 따라서 1,000킬로미터 날아서 거기서 다시 왼쪽으로 꺾어서 이번에는 북으로 북으로 1,000킬로미터 날았다. 그리고 다시 한 번 왼쪽으로 꺾어서 이번에는 서로 서로 역시 위도선을 따라서 1,000킬로미터 날았다. 거기서 내렸다……내린 곳은 니혼바시일까?

【해답】 아니다. 야마나시 현 오츠키 시 북동쪽으로 약 10킬로미터 지점인 도쿄 도와 야마나시 현의 경계 주변의 산 속에 내리게 될 것이다.

지구의 표면은 평면이 아니다. 경선은 북극점에서 모두 일치하므로 평행이 아니다. 그 때문에 「정사각형의 주위를 날았다」는 것과는 약간 이치가 달라진다.

그림에서도 알 수 있을 것이다. 니혼바시에서 약 90킬로미터 서쪽으로 착륙할 것이다.

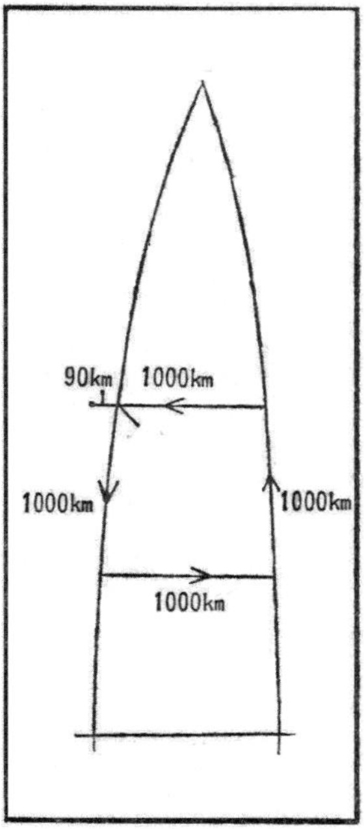

【문제 8】

그림과 같은 원통이 있다. 높이가 밑에서 4분의 1(A), 2분의 1(B), 4분의 3(C) 지점에 수평 방향으로 작은 구멍을 뚫었다. 이 원통에 물을 가득 넣었을 때 책상 위에서 제일 먼 데까지 나는 것은 어떤 구멍에서 나온 물일까? 단, 나오는 물끼리는 부딪치지 않는다고 한다.

【해답】 B에서 나온 물.

압력을 제일 많이 받기 때문에 A라고 대답해서는 안 된다. 책상 위에 원통이 놓여 있다고 하는 점에 주의하자.

A에서 나오는 물은 수세는 좋지만 책상에 너무 가깝기 때문에 책상 표면에 달하는 거리는 그다지 길어지지 않는다. 책상에서 가장 멀리 떨어져 있는 C는 수세가 없다. 그 때문에 중간쯤의 알맞은 B가 제일 멀리까지 닿게 되는 것이다.

그러나 물이 줄게 되면 처음에 C, 다음에 B에서는 물이 나오지 않게 되어 A가 제일 멀리까지 닿게 된다. 때문에 정확히 말하면 처음만을 생각한 해답이 B인 것이다.

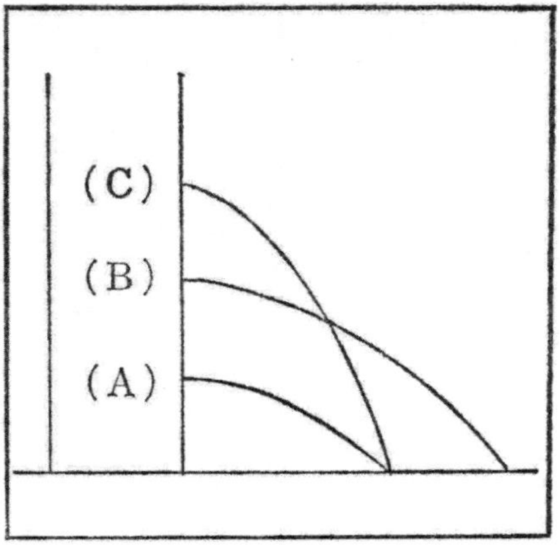

【문제 9】

동지는 일 년 중 밤이 제일 길고 낮이 제일 짧다. 그러면 이 날은 해 뜨는 것이 제일 늦고 해지는 것이 제일 빠른 날일까?

【해답】 아니다.

해돋이는 1월 초순이 동지보다 4분 정도 늦다. 해 지는 것도 12월 초순이 4분 정도 빠르다. 지구의 자전과 공전의 복잡한 관계에서 해돋이가 제일 늦은 날과 해 지는 것이 제일 빠른 날과는 일치하지 않는다. 도표와 같이 서로의 피크는 어긋나 있기 때문에 해돋이와 해지는 것의 간격이 제일 짧은 지점이 동지이다. 변화를 파악할 때 그렇게 간단하게 생각할 수 없는 변화의 하나로서 예를 들었다.

「춘분과 추분 어느 쪽이 따뜻할까?」라는 질문에 대해서도 「같다.」라고 대답하는 사람이 있다. 아무리 도시적 계절감 결핍증에 걸려 있다고는 하지만 너무 둔감하다. 춘분과 추분은 평균 기온으로 10도 이상의 차가 있다. 동지가 제일 추운 것이 아닌 것과 같은 이유로 추분은 평균 20도를 넘고 있고 춘분은 10도 이하이다. 해가 긴 것과 기온 사이의 관계에도 상당한 차이가 있는 것이다.

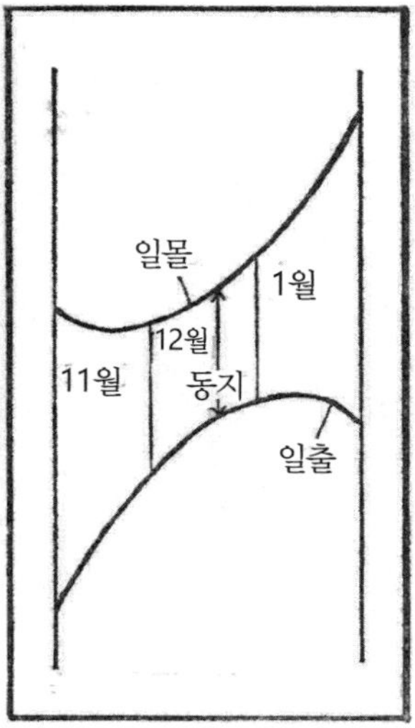

【문제 10】

5만분의 1의 지도에서는 등고선이 20미터마다 굵은 선으로 그어져 있다. 따라서 굵은 선과 굵은 선 사이에는 반드시 4줄의 가는 선이 있다고 생각하고 있었다. 그런데 그림처럼 지도의 길쭉하게 잘라진 것을 보았더니 굵은 선과 굵은 선 사이에 2줄, 6줄, 8줄이라는 부분이 있지 않은가.

도대체 이것은 어떻게 해석하면 되겠는가?

【해답】 예를 들면 그림과 같다고 생각하면 모순은 없다.

지도를 전체적으로 바라보면 반드시 굵은 선 사이에 가는 선이 4줄 볼 수 있다. 그러나 문제와 같이 부분을 오려낸 경우에는 까다롭게 되는 것이다. 평소 지식으로 가지고 있다고 생각했는데, 다른 「사실」과 맞부딪침으로써 미심쩍어진다. 그 「사실」을 타파하기 위해서는 과학적인 사고법이 필요하게 된다. 「어?」, 「왜?」 하고 의문을 가지면서 관찰하는 습관을 익히기 바란다.

이 해답 예에서는 4줄 문제에서도 단조로운 오르내림마저 없다는 것을 발견하게 되고 놀란다.

<이 장의 정리>

「태양은 생긴 지 약 50억 년이 지나고 있다. 약 50억 년 후에는 수소를 전부 연소시키고 지구와 화성까지도 포함해서 수십 배, 수백 배로 커져 이윽고 수축하기 시작해서 지금의 태양의 수백분의 1로 작아져서 식어 갈 것이다……」

이런 말을 천문학자는 태연하게 말한다.「이야기꾼이 보고 온 것처럼……」비교도 할 수 없는 것을 어떻게 알 수 있단 말인가. 하나의 별의 탄생에서 죽음까지 100억 년의 역사에 천문학자가 동조할 수는 없다. 우주의 역사에서 볼 때 천문학의 역사 같은 것은 한 순간에 불과하다. 그 한 순간에서 어떻게 별의 일생을 알 수 있단 말인가.

거기에는「변화를 파악하는」전형적인 방법의 한 예가 있다. 하늘 가득한 별에는 탄생하면서부터 죽은 잔해까지 온갖 종류의 별이 있다. 이들 별에서, 이를테면 궁수(弓手)자리(Sagittarius, 은하수 가운데 자리잡은 황도십이궁 중 하나)의 간석지 성운에는 별이 탄생하고 있고, 태양은 장년기, 베텔게우스(Betelgeuse)는 노년기, 이윽고 게자리 성운과 같은 초신성(超新星), 펄사(pulsar), 난장이별, 블랙홀 등으로 되어 죽는다……는 식으로 일련의 연루를 상정할 수 있는 것이다.

예를 들면, 우주인이 지구에 찾아와서 신주쿠의 혼잡한 사진을 몇 장 찍고 돌아간다. 그 사진에는 남녀노소의 온갖 사람들이 찍혀 있다. 우주인은 이 사진에 의거해서 인간은 작은 어린아이로부터 차츰 커지고 결국 할아버지, 할머니로 되는 모양이다, 라는 인간의 일생을 읽을 수 있는 것이다. 인간의 일생을 아는 데 70년간 만나고 있을 필요가 없는 것이다. 똑같은 것을 천문학자는 하고 있음에 불과하다. 변화를 파악하는데, 변화하는 전체의 시간과 만날 수 없는 경우에 많이 사용하는 방법이다.

독일인 빌름 박사는 알루미늄의 합금을 연구하고 있었다. 어느 날, 한 합금의 강도의 측정치에 의문이 생겨서 다시 한 번 측정했더니 전보다 단연코 강하다는 것을 알게 된다. 강도가 시간과 더불어 변하는……이른바 시효 경화를 발견하고 그것이 두랄루민(Duralumin)이 되고, 이윽고 그것은 체펠린(Zeppelin)의 조립에서 현대 항공기로 사용할 수 있게 된다. 이것은 시간과 더불어 「변화」하는 것을 이용한 예이다. 물론 과학자뿐만 아니라 우리들도 여러 가지 변화를 본다. 그것이 숫자가 되면 그래프로도 된다. <PART 5>에 든 11개 문제는 「어떻게 알 수 있는가?」에 주안을 둔 문제로 독자 여러분을 괴롭혔다고 생각한다. 변화를 파악하는 트레이닝이 된다면 다행으로 생각한다.

PART 6. 비약을 생각하다

이 장의 목적—머리를 부드럽게—비약

머리가 딱딱한 인간은 양적 변환은 가능해도 질적 변환은 불가능하다는 사람이 있다. 한 테두리 안에서도 사물을 생각하고 그 테두리를 타고 넘을 수가 없는 것이다. <PART 4>의 「극단적으로 생각하다」가 「같은 테두리 속에서 제일 끝까지 가보자」라는 것이라면 이 장은 「그 테두리 밖으로 나가라」이다. 근본적으로 고쳐 생각하는 것이 좋은 예를 문제로서 든다.

철도용 제동장치는 수동의 쇠사슬을 당기는 브레이크였다. 여기에 현재도 사용하고 있는 공기를 이용한 에어브레이크를 위시하여 도입한 것은 미국의 철도기사 웨스팅하우스이다. 그는 이 장치의 우수성을 나타내기 위해 실험열차를 만들어서 달리게 하여 극적인 정차를 시험해 보였다. 그래서 그는 이 장치를 팔려고 하는데, 한 회사 간부가 "뭐? 자네는 공기로 기차를 멎게 할 수 있다는 건가? 나는 바보와 얘기할 시간은 없네."라고 말했다 한다.

이 말은 석두(石頭)라는 것을 잘 나타내고 있다. 당시의 사람들에게 공기라는 믿을 수 없는 것이 힘을 낸다고는 생각할 수 없었기 때문이겠지만, 현재로서는 그 믿을 수 없는 공기에 100톤 이상이나 되는 기계가 떠있는 것이다.

【문제 1】

다음 항구에서 배로 샌프란시스코에 가고 싶다. 어느 항구에서 출항하면 항로가 제일 짧겠는가?

(1) 요코하마.

(2) 고베.

(3) 하카다.

(4) 니이가타.

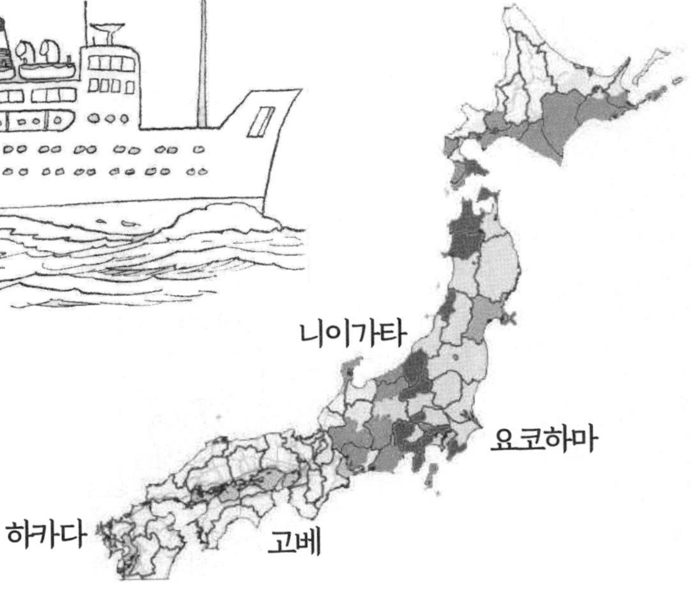

【해답】 (4) 니이가타.

출발점과 목적지와 지구의 중심과의 3점에서 정해지는 평면과 교차한 점에서 생기는 원을 「대권(大圈)」이라 한다. 이것을 따르면 최단 코스를 얻을 수 있다. 그러나 배로는 육지가 있는 관계로 비행기와 같이는 될 수 없고 수정 대권 코스라는 길을 택하게 된다.

실제로 이 코스와는 다르지만 샌프란시스코까지를 대권으로 연결한 그림을 위에 제시한다. 이것을 보면 다소 납득이 갈 것이다. 그러나 평소에 익혀 보고 있던 지도에서는 좀처럼 이렇게 생각나지 않을 것이다.

【문제 2】

그림과 같이 단면이 볼록렌즈 형으로 허공에 떠있는 유리가 있다.

이 유리로 물체를 보았을 때 어느 쪽이 옳은가?

(A) 확대경처럼 크게 보인다(즉, 볼록렌즈로서 작용한다).

(B) 근시안의 안경알처럼 작게 보인다(즉, 오목렌즈로서 작용한다).

【해답】 (B) 오목렌즈다.

아래 그림처럼 이 유리를 둘로 나누어 보면 각각 오목렌즈라는 것은 잘 알 수 있다. 그것을 두 장 맞붙여 놓은 것뿐이니까, 전체로서도 오목렌즈이다.

옆에서 보고 볼록하게 보인다 해도 그것이 유리라면 볼록렌즈이지만 바깥이 유리이고 안이 공기라면 당연히 오목렌즈가 된다. 멍청하게 모양만 보고 (A)라고 대답해서는 안 된다.

일반적으로 말하면 굴절률이 주위보다 높은 것이(예 : 공기 중의 유리) 볼록렌즈 모양을 하고 있으면 볼록렌즈, 반대로 굴절률이 주위보다 낮은 것이(예 : 유리 안의 공기) 볼록렌즈 모양을 하고 있으면 오목렌즈의 역할을 하게 되는 것이다. 물론 양쪽의 굴절률이 같다면 빛을 굴절시키는 현상은 일어나지 않는다.

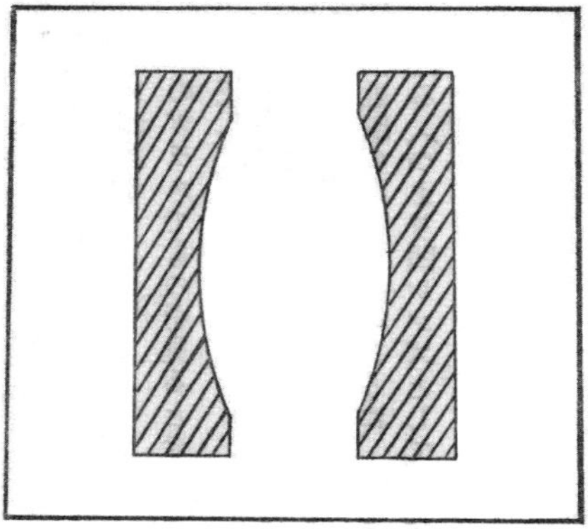

【문제 3】

카시오페아자리와 북두칠성(큰곰자리)은 북극성을 찾을 때 많이 사용한다. 그림은 이 두 별자리와 그 위치 관계를 나타낸다고 한 것이다. 그러나 이 관계가 어쩐지 이상하다고 하는 사람이 있다. 어디가 이상한 것일까?

【해답】 전체가 뒤집혀져 있다.

우리들은 주걱 모양이라는 것은 알고 있어도, 또 패턴으로서는 기억하고 있어도 뒤집혀졌다는 것은 깨닫기 어렵다. 모양으로서는 같다고 생각해 버리기 때문이다.

모기향이 오른쪽으로 감겼는가, 왼쪽으로 감겼는가 하는 논의가 있다. 실은 일본에서는 어떤 제약사의 것은 전부 오른쪽으로 감겼지만, 또 다른 제약사의 것은 왼쪽으로 감겼다……라고 말하면 그 것을 진짜로 믿는 사람이 있다. 오른쪽으로 감긴 것은 뒤집으면 왼쪽으로 감긴 것이 되는 것이니 이 논의는 성립되지 않는다. 그러나 우리들이 보는 북두칠성은 뒤집을 수는 없다.

모기향은 평면이니까 오른쪽감기, 왼쪽감기라고 말할 수 없지만, 달팽이 껍질은 평면이 아니고 한쪽으로 튀어나와 있기 때문에 우측, 좌측 양쪽의 감는 방식을 구별할 수 있다. 한 화가가 달팽이의 그림을 그렸다. 그것을 본 학자가 이렇게 감은 달팽이는 없다고 말하자, 화가는 모델로 사용한 달팽이를 내놓아 보였다. 그 결과 반대로 감은 달팽이가 있다는 것을 알았다는 이야기가 있다.

고둥에도 오른쪽으로 감기는 것이 많지만, 아주 똑같은 종류의 왼쪽감기의 것도 드물게나마 발견할 수 있다. 조개껍질을 파는 가게에서 나는 언제나 이 반대로 감은 조개를 찾고 있는데, 좀처럼 찾지 못하고 있다.

【문제 4】

뚜껑을 하지 않은 통에 물을 가득 채우는 것은 간단하다.

그러면 그림과 같이 뚜껑을 한 통에 뚜껑을 열고 뚜껑 부분까지 물을 가득 채우려면 어떻게 하면 되겠는가? 물론 공기가 들어가면 안 된다.

【해답】 예를 들면, 물이 들어 있는 목욕탕 속에서 통 전체를 물에 가라앉히고 뚜껑을 닫으면 된다.

과학자가 하는 실험이란 딱딱하고 어려운 것들만 한다고 생각하기 쉽다. 그러나 실험 전체로서는 아무리 고상해도 실험의 진행과정에서 쓸데없는 것으로 벽에 부딪치고, 그것이 언뜻 보기에 어이가 없는 착상으로 해결되는 일이 많이 있는 것이다.

예를 들면, 엷은 유리판이 있다. 이것을 둥글게 오려내고 싶다. 정확히 둥글게 오려낼 필요가 있을까, 주위는 까칠까칠해도 좋으니 일단 둥글게 오려내고 싶다. 이런 때 유리칼이 없는데다가 유리 가게도 쉬는 날이라고, 실험을 연기하는 일이 있다. 그것을 필요없게 된 가위로 잘라낼 수 있다는 것을 알고 있으면 상당히 도움이 될 것이다.

다만 이것도 통의 물과 마찬가지로 물통의 물속에서 자르는 것이다. 그러면 물로 충격이 완화되는지 깨지지도 않고 제법 곱게 잘라진다. 네모진 유리의 모퉁이를 조금씩 잘라 떨어뜨려서 원형에 가까워질 수 있다는 느낌으로 자르는 것이 요령이다. 실험장치의 코드가 짧아서 콘센트까지 닿지 않아서 내일 잇는 코드를 사올 때까지 실험은 중지라고 말하는 교수에게 "아니, 합시다."라고 학생이 말하고 실험장치 쪽을 1미터 정도 콘센트까지 움직였다고 하는 이야기를 들은 적이 있다.

【문제 5】

어? 양초 불꽃 한가운데가 끊어져 있다. 어떻게 하면 이렇게 될 수 있겠는가?

【해답】 구리로 된 촘촘한 그물 두 장을 양초 불 위에서 내린 다음 위의 그물 위에서 성냥으로 불을 붙인다.

구리로 된 그물을 위에서 씌우듯이 내린다. 그러면 구리는 양도체(良導體)이기 때문에 열을 옆으로 전도시킨다. 불꽃이 닿고 있는 부분도 크게 뜨거워지지 않는다. 그러나 양초에서는 미연소 가스가 그물을 통과해서 상승하고 있기 때문에 고온의 열원만 있으면 언제라도 불꽃이 되어 타는 상황에 있다.

보통은 그물이 불붙는 온도까지 뜨거워지지 않기 때문에 불꽃이 되지 않는 것이다. 이 상태에서 성냥으로 불을 붙이면 타게 될 것이다. 또 다른 한 장의 구리 그물을 약간의 간격을 두고 그 위로 씌운다. 이 망 위로 점화하면 위로 나온 미연소 가스가 타게 되는 것이다. 이 불꽃도 중간 부분의 미연소 가스에까지는 불을 붙이지 못한다.

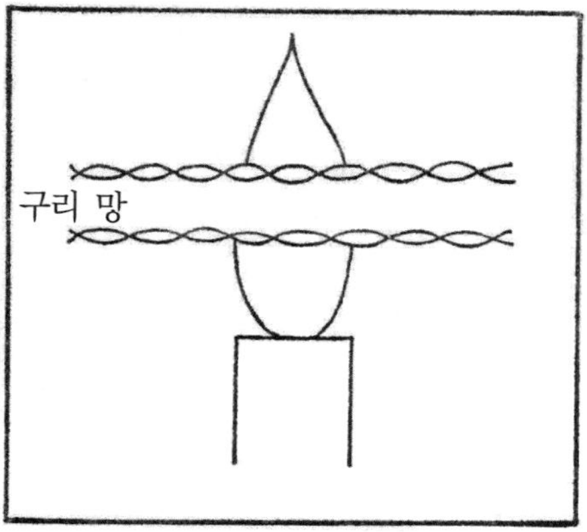

【문제 6】

평평한 유리로 된 수조에 물이 들어 있다. 곧은 나무 막대를 비스듬하게 물속으로 절반쯤 넣었다. 유리를 통해서 그것을 수면 높이로 바로 옆에서 보면 그림에서 어떻게 보이겠는가?

【해답】 (2)처럼 보인다.

밥공기 속의 물에 넣은 젓가락은 굴절되어 보인다. 이것은 경험적으로 아는 사람도 많을 것이다. 그러나 그것이 굽어져 보이는 이유는 「수면을 통해서」 보았기 때문이다. 물론 문제의 경우도 위쪽에서 수면을 통해서 보면 굽어져 보인다. 그리고 수조 밑바닥은 실제의 바닥보다 얕게 보인다. 막대를 똑바로 아래로 보았을 때 약 4분의 3 지점에서 「떠올라서」 보인다. 수면에서의 빛의 굴절로 인해 그와 같이 보이기 때문이다.

그런데 문제의 경우, 유리를 통해서 수면의 높이에서 보고 있기 때문에 물에 잠겨 있는 부분의 막대는 공기 중의 막대보다 「바로 앞」에서 보일 뿐이지 「떠올라서」 보이는 것은 아니다. 수조를 옆에서 보았을 때 수조의 바닥은 역시 바닥 위치로 보이고 떠올라 보이는 것이 아닌 것과 마찬가지로 막대의 선단도 떠올라 보이지 않는다. 때문에 바로 옆에서 보면 (2)가 된다. 바로 옆에서가 아니고 약간 어긋나서 보면 그림과 같이 보이는 경우도 있다.

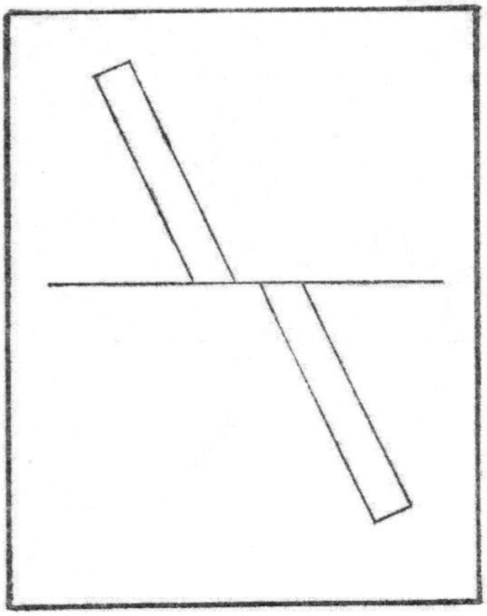

【문제 7】

달 표면 위의 기지에서 지구를 보았다. 그런데 이 지구가 달에서 본 하늘을 어떻게 움직이겠는가? 달의 북반구에서 달의 적도 상공에 있는 지구를 보고 있다고 가정한다.

지구에서 보는 달처럼 동쪽에서 서쪽으로 이동하겠는가? 아니면……?

【해답】 지구는 똑같은 곳에서 정지된 상태로 보인다.

달은 한쪽만을 지구로 향하고 있고 나머지 반구, 이른바 달의 이면은 지구에서는 볼 수가 없다. 이것은 누구나 알고 있다. 달은 지구에 대해서 공전을 1회 할 때 틀림없이 1회의 자전을 하고 있기 때문이다.

공전과 자전이 왜 꼭 맞고 있는가……자연의 신비라고 말할 수밖에 없다. 때문에 달의 기지에 서서 지구를 보면 지구는 달의 뒤쪽으로 돌아가는 일이 없다. 뿐만 아니라 자전은 하고 있지만 하늘의 한 모퉁이에 정지되어 있는 것이다. 만약 움직이면 달이 구(球)인 이상 이면이 조금은 들여다보일 것이다. 물론 달 표면 위를 이동하면 지구는 움직이고 이면까지 가면 지구는 「지평선이 아닌 월평선」으로 가라앉게 된다.

그러면 달은 지구에서는 그 표면의 50%밖에 보이지 않는 것일까. 물론 일시적으로는 50%(엄밀하게는 무한한 저편에서 보고 있는 것이 아니기 때문에 그것보다 적다)밖에 볼 수가 없다. 그러나 달은 지구의 주위를 정확한 원으로가 아닌 타원으로 돌고 있다. 이 결과 경도의 칭동(秤動 : 달 표면이 지상에서 볼 때 상하 좌우로 흔들려 보이는 것)이라는 현상이 일어난다. 또 위도의 칭동 등을 포함해서 실제로는 전 표면의 59%를 지구에서 볼 수 있는 것이다. 나머지 41%는 1959년의 스푸트니크(sputnik) 3호의 사진이 나올 때까지는 전혀 볼 수 없었다.

【문제 8】

잘 닦은 거울 위에 거울이 가려지도록 종이를 얹어 놓았다. 이것을 양지의 막대 옆에 놓았더니 그림과 같은 그림자가 생겼다.

그런데 이 상태에서 거울 위의 종이를 제거하면 거울 위의 막대 그림자가 보이겠는가?

【해답】 보이지 않는다.

그림자가 그림자로서 인식되기 위해서는 그림자 부분과 그림자가 아닌 부분과의 구별이 필요하다. 그러기 위해서 그림자가 아닌 부분에서의 빛이 눈에 전해져서 밝기의 차로서 인식되어야 한다.

막대 옆을 어긋나간 빛이 거울 위의 종이까지 비치게 되면 거기서 여러 가지 방향으로 이른바 난반사하기 때문에 관측자의 눈에도 빛이 전해지게 된다. 밝다고 인식하게 되는 것이다. 반대로 막대 그림자 부분에는 태양으로부터의 빛이 비쳐지지 않았기 때문에 반사해야 할 빛도 없이 어둡다. 그래서 명암의 차로서 그림자를 관측자가 알게 되는 것이다.

그런데 거울이라면 막대 옆을 지나온 빛은 난반사하지 않고 정확히 반사해 버리기 때문에 관측자의 눈에 들어오지 않는다. 빛이 들어오지 않으면 그림자 부분도 구별할 수 없다. 관측자의 눈에 들어오는 것은 정확히 반사해온 다른 방향의 푸른 하늘이나, 두둥실 떠있는 하얀 구름이 될 것이다.

막대와 쇠 사이에도 실은 그림자가 되어야 할 부분이 존재하고 있는데, 거기서는 빛의 길을 방해하는 것은 아무것도 없기 때문에 역시 그림자로서는 인식되지 않는다. 그러나 종이를 넣어 보면 정확히 「그림자」가 있다는 것을 확인할 수 있는 것이다.

【문제 9】

오른쪽과 왼쪽 팔의 길이가 차이가 나는 천평이 <PART 4> 【문제 2】에 이어서 다시 등장했다. 그 밖에 있는 것은 1킬로그램의 분동과 설탕더미.

그런데 이것만을 사용해서 정확히 1킬로그램의 설탕을 달려고 하면 어떻게 하면 되겠는가?

【해답】 우선 한쪽 접시에 1킬로그램의 분동을 놓고 다른 한쪽 접시에 설탕을 얹고 균형을 잡는다. 여기서 1킬로그램의 분동을 내려놓고 그 접시에 다른 설탕을 얹어서 균형을 잡으면 이 설탕은 정확히 1킬로그램이다.

<PART 4> **【문제 2】**를 푼 머리로 너무 어렵게 생각하면 이 문제는 풀 수 없다. 대수롭지 않은 착상이지만, 이런 아이디어는 중요시해야 할 것이다. 퍼즐적 사고법이 새로운 과학적 성과를 낳는 경우도 많은 것이다. 과학이라는 고지식한 것이라고 생각하는 경향이 있는데, 비약하기 위해서는 놀이의 신비도 필요하다.

<이 장의 정리>

금세기 초, 독일의 기상학자 베게너(A. L. Wegener)가 한 대학의 강사로 있을 때 무심코 세계지도를 바라보고 있었던 모양이다. 그 때 그는 아프리카의 서해안과 미국의 동해안 두 해안선의 형태가 꼭 닮았다는 것을 깨달았다. 그리고 이 두 개의 대륙은 전에 붙어 있었던 게 아닐까 하고 생각했다. 그러나 너무나 엉뚱한 것 같아서 한 번은 생각을 무시해 버렸다.

천문학과 기상학이 전문이었던 그에게 있어서 동식물학은 전혀 다른 세계였음에 틀림없다. 그러나 이것 또한 아주 우연하게 아프리카와 브라질의 옛날의 생물의 유사성에 대한 보고를 접하고 달리 지질학적 검토를 하고서 역시 두 개의 대륙은 붙어 있었다고 확신하기 시작했다. 뿐만 아니라 옛날에는 오스트레일리아도 남극대륙도 포함한 모든 대륙이 커다란 하나의 덩어리로 되어 있어서 그것이 「갈라져」 차츰 떨어져 나가서 현재의 위치로 왔다……지금도 이동하고 있다고 하는 대륙표이설(大陸漂移說)의 발표로 발전한 것이었다. 이윽고 이 설은 1960년대의 판구조 이론(지각의 표층이 판 모양을 이루고 움직인다는 학설)으로 발전한다.

베게너의 대륙 상대의 조각그림 맞추기, 이것에는 「그렇다!」라는 큰맘 먹은 비약(飛躍)이 있었다는 것은 확실하다. 그러나 사고방식이 엉뚱하면 할수록 세상은 받아들이지 않는다. 갈릴레이도 아인슈타인도 처음에는 결코 세상에 받아들여지지 않았다. 하지만 착상이 전혀 의외일수록 「발견자」로서의 이름은 훗날에 남는 것이다. 때문에 틀에 박힌 사고에서 불거져 나오는 것을 두려워해서는 안 된다. 용기도 필요하게 된다. 과학적 발견의 새 시대를 만드는 데에는 반드시 비약이 있다고 해도 틀림없는 것이다.

여기서 나의 「대발견」을 소개해 두자. 너무 비약해서 세상은 받아들여 주지 않지만 언젠가 햇빛을 보게 되지 않을까 하고 생각하고 여기에 기술해 둔다. 우선 공 모양의 유리를 준비한다. 그리고 안쪽의 공기를 빼고 내면에 정교한 거울을 붙인다. 다만 전면에 붙이는 것이 아니라 일부 거울을 칠하지 않은 단순한 유리만의 「구멍」의 부분을 만들어 둔다. 이 부분을 우선 태양으로 향해서 거기서 빛을 받아들인다. 그러면 빛은 여기저기 반사하면서 안쪽으로 들어가고 있다. 저녁이 되면 구멍 구분을 다른 거울로 가린다. 들어간 빛은 나올 것이 없기 때문에 반사를 되풀이하며 내부에 고인 채로 있게 된다. 밤이 되어서 살짝 뚜껑인 거울을 젖히면 낮의 밝은 빛이 구멍에서 뿜어져 나와 방을 비친다……고 하는 에너지 절약적인 「축광기」의 발명이다. 실현할 수 있을지 어떨지 나는 책임은 지지 않는다.

PART 7. 실행으로 생각하다

이 장의 목적—웃지 않으면 해 본다—실행

나는 과학퍼즐을 좋아하는데, 여러 가지 퍼즐 장난감도 사온다. 상자에 채우라든지, 고리를 벗기라든지, 조립하라든지, 원래 나는 머리가 정밀하지 못한지 논리적(Logical)인 조립을 못한다. 닥치는 대로 손을 움직여 해보는 것이다. 논리적이지 않기 때문에 같은 잘못을 되풀이하기도 하고 훨씬 우회하기도 하지만, 완성했을 때의 기쁨은 머리로 하기보다 손으로 하는 쪽이 훨씬 큰 것 같은 느낌이 든다. 아무리 생각해도 모를 때 "에이, 귀찮다, 해보자!"라고 하는 발상이다.

이 태도가 언제나 옳다고는 말하지 않는다. 무엇이든 실험하라는 것은 아니다. 그러나 경우에 따라서는 실험 외에는 답이 나오지 않는 경우도 생각하는 것보다 해보는 쪽이 빠른 길일 수도 있다는 것을 알아주었으면 하는 것이다.

근대과학의 정수를 모았다고 생각하는 제트기의 설계도 반드시 모형을 사용한 풍동실험을 하고 있다. 때문에 거기에는 역시 계산으로는 나오지 않는, 아직 모르는 부분도 있는 것이다, 라고 절실히 느낀다. 「인간, 머리로 생각하지 말라, 손으로 생각하라!」라는 표현도 있을 정도이다.

【문제 1】

직경 5센티미터 정도의 굵은 양초가 있다. 이것을 세면기 바닥에 녹힌 양초를 사용해서 충분히 접착해 세운다. 그런 다음 세면기에 물을 넣고 그림처럼 양초에 점화했다. 살며시 그대로 내버려두면 이윽고 양초는 짧아져서 수면에 이르게 된다. 그 후 이 양초는 어떻게 되겠는가?

【해답】 불꽃은 작아지지만 수면 아래 밑바닥 쪽까지 계속 타내려간다.

양초는 초가 불꽃에서의 열로 녹아서 액상이 되고 심지가 빨아올려서 타게 되는 것이다. 그러나 수면에 달하게 되면 양초의 바깥벽이 물로 식혀지기 때문에 녹을 수 없게 된다. 그리고 극히 엷은 「제방」을 남기고 불꽃은 수면 아래까지 내려간다. 물론 물결을 일으키면 제방을 넘은 물로 홍수가 일어나 불은 꺼져 버린다.

수면 아래에 내려간 경우, 불꽃을 계속 태우기 위한 산소는 외벽의 안쪽으로 따라서(그림의 화살표) 보급되기 때문에 수면 위일수록 충분한 양이 아니어서 그 때문에 불꽃은 작아진다. 또 양초가 가늘면 바깥벽에 너무 가까워서 (1) 외벽이 부드러워진다. (2) 공기가 내리는 공간을 파악할 수 없다는 이유로 실패한다. 또 용기 밑바닥에 양초를 고정하는 것은 짧아지면 떠버리기 때문이다.

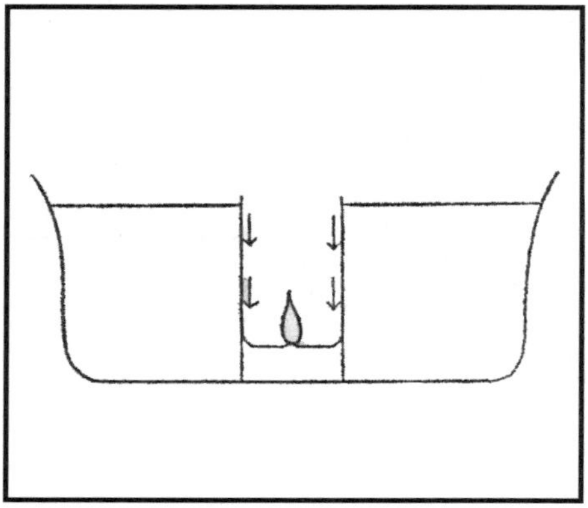

【문제 2】

이 풍차가 정면에서 바람을 받으면 어느 쪽을 향하겠는가?

【해답】 A. 오른쪽으로 돈다.

문제 그림의 사선을 그린 부분과 그리지 않은 부분에서는 기우는 것이 반대이다. 그래서 불어오는 바람에 대해서 각각 반대방향의 힘이 발생한다. 때문에 어느 쪽 힘이 큰가에 따라서 이 풍차의 방향도 정해진다. 그러나 사선을 그리지 않은 부분 쪽이 면적이 넓고 게다가 회전을 일으키는 힘은 중심에서 멀리 떨어져 있을수록 크다. 때문에 오른쪽으로 돈다.

익히 보고 있는 풍차도 어느 쪽으로 도는가? 라고 물으면 그 순간 생각하게 된다. 주변에 생각할 재료는 꽤 많이 있을 것이다. 「실행으로 생각」할 정도로 복잡한 문제는 아니지만 이런 풍차, 자기 스스로 만들어 보면 즐겁다. 또 네덜란드에서 유명한 풍차는 효율이 좋지 않기 때문에 공업용으로는 적당하지 않다.

【문제 3】

다시 비눗방울의 문제. 테이블 면을 비눗방울을 만드는 액으로 충분히 넓게 칠해 둔다. 그 위에서 비눗방울을 부풀게 해보았다. 그림에서 어떤 형태가 되겠는가?

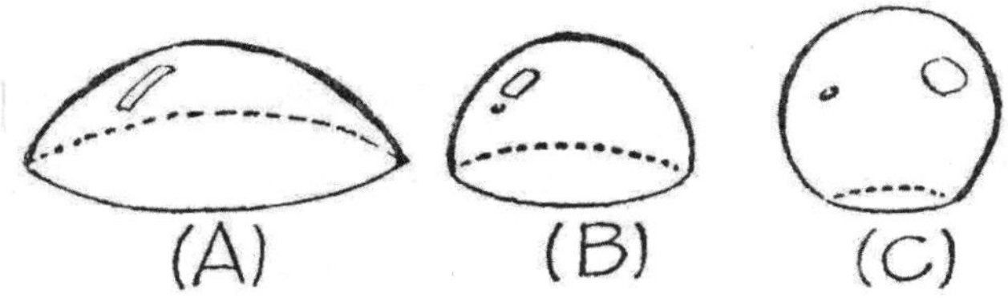

【해답】 (B) 반구가 된다.

<PART 2> **【문제 5】** 에서도 설명한 바와 같이 비눗방울 막에는 될 수 있는 한 표면적이 작아지려는 힘(표면장력)이 작용하고 있다. 문제 그림의 (A)~(C) 가운데 비눗방울 막으로서 최소의 표면적(안쪽 부피는 일정하다 하고)을 갖는 것이 (B)이다. 때문에 반구가 된다는 것이다.

그런데 이 비눗방울이지만 비누의 성분이 표면장력을 약하게 하는 작용을 하기 때문에 그와 같은 구체(球體)가 되기 쉽다고 한다.

비눗방울은 모양도 그렇거니와 광선을 쬐고 갖가지 형태와 색으로 변화하는 것도 즐거운 것이다. 또 비눗방울 속에 비눗방울을 넣는다고 하는 재주도 부릴 수 있다. 만들어진 비눗방울에 스트로를 꽂아서 안쪽에서 2개째를 살짝 불어 만들면 된다. 시험해 보면 어떨까? 예전에는 비눗방울을 파는 곳이 있었다고 한다. 지금도 가끔 볼 수 있는 장사와 같은 것이었을까?

또 비눗방울의 나무라는 것도 있다. 나무껍질이 비누와 같이 거품이 나기 때문에 실용성도 있다고 한다.

【문제 4】

물통에 물이 들어 있다. 도구를 사용하지 않고 물통 수면의 중심점을 발견한다. 간단한 방법을 생각하자.

【해답】 물통의 가장자리를 탁 친다. 물의 파문이 그 중심점을 가르쳐 준다.

약간 엉터리 같지만 간단하고 곧 할 수 있는 방법이다. 다만 엄밀하게 말하면 물통의 진동방향에서 오는 파문의 위상 차이의 문제가 없는 것은 아니다. 물통의 진동은 《과학퍼즐 제1부》 203쪽에 제시한 매달린 종의 진동과 비슷한 것이다. 그렇다면 벽에서 파문이 나오지 않는 곳도 있을 것이다. 큰 원형의 건물 중심점을 찾는 간단한 방법은 큰 소리로 노래를 부르며 걸어 다니면 제일 시끄럽게 목소리가 울리는 곳을 찾는 것이라고 한 건축가가 말해 주었다. 또 원주만 알고 그 중심을 기하학적으로 구하는 방법을 들어보자.

그림처럼 적당한 현을 그리고 그 현의 수직 2등분선을 내린다. 이 조작을 두 번 한다. 두 수선이 교차하는 점이 중심이다.

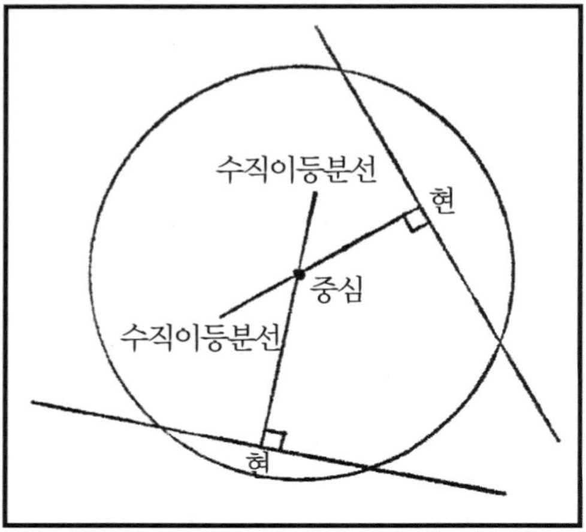

【문제 5】

그림처럼 테니스 라켓에 두 개의 구멍을 뚫고 막대를 통해서 흔들이처럼 흔들었다. A처럼 끝 쪽의 구멍에서 흔들었을 때, B처럼 중심의 약간 위에서 흔들 때와를 비교하자 B는 A보다,

(1) 빨리 흔들린다.

(2) 같은 속도로 흔들린다.

(3) 느리게 흔들린다.

어느 것이 옳은가?

【해답】 (3) **느리게 흔들린다.**

보통 흔들이는 짧을수록 빨리 흔들린다. 때문에 (1)일 거라고 생각하기 쉬운데, 실험해 보기 바란다. 분명히 B는 느리다. 그러면 어느 점이 보통의 흔들이와 다른 것일까? 그것은 왼쪽 그림 A의 부분이 있다는 것이다. 오른쪽처럼 공을 매달고 중점에서 지탱할 때 무거운 쪽인 B가 흔들이를 제 자리에 돌아가게 하는 힘으로서 작용해도 A 쪽은 반대방향의 힘으로서 작용한다. 복원력으로서는 B와 A의 차이의 무게밖에는 효력이 없다. 게다가 움직여야 할 무게는 A와 B의 합이다. 때문에 움직이기 어려운 것이다. A와 B의 무게가 같다면 흔들이로서는 움직이지 않게 된다. 흔들이를 제 자리로 돌아가게 하는 힘이 적어지면 움직이기 어렵다……느려지는 것은 당연하다. 라켓도 A의 부분을 잘라내서 흔들면 끝을 지탱했을 때보다 빨리 움직인다.

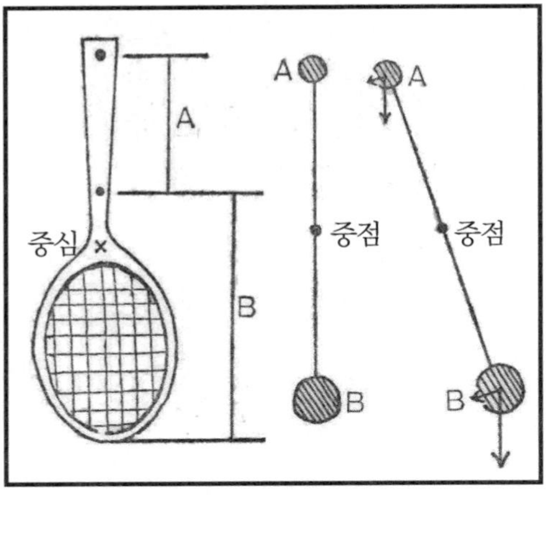

【문제 6】

그림과 같이 시험관에 물을 따른다.

(1) 이 때 시험관을 두드리고 있으면 그 소리는,

(A) 점점 높아진다.

(B) 점점 낮아진다.

(2) 이 때 시험관의 입구를 불어서 소리를 내고 있으면 그 소리는,

(A) 점점 높아진다.

(B) 점점 낮아진다.

각각 어느 쪽이 옳은가?

【해답】 (1)은 (B), (2)는 (A)가 옳다.

어렸을 때 문제와 같은 「실험」을 해본 사람이 많다고 생각한다. 우선 시험관을 두드릴 때를 생각하자. 두드리면 시험관과 물이 진동하는데, 물을 가함에 따라서 진동이 차츰 무거워진다. 진동하는 물체가 무거워지면 소리는 낮아진다.

그러면 입으로 불 때는 어떨까? 시험관 내의 공기의 기둥은 진동하고 있는데 물이 늘어나면 기주(氣柱, air column)는 짧아지고 소리는 차츰 높아지는 것이다. 이것은 같은 기주의 진동을 이용한 플루트로 낮은 소리를 낼 때보다 높은 소리를 낼 때면 입을 대고 부는 숨구멍에 가까운 쪽의 구멍을 여는 것을 보더라도 알 수 있을 것이다. 또 직접 컵을 이용한 악기도 있다. 글라스 하모니카라는 것으로, 크기가 다른 컵을 몇 개 회전시켜서 가장자리에 손을 댐으로써 소리를 낸다.

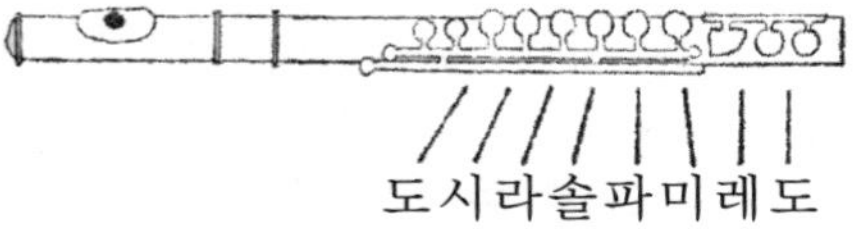

플루트

【문제 7】

와인의 코르크를 짧게 잘라서 그림과 같이 컵의 물에 띄웠다. 그런데 중앙부에 가지고 와도 코르크는 이윽고 컵의 벽에 흡착되듯이 움직인다. 이 코르크를 물의 중앙에 멎게 하기 위해서는 어떻게 하면 되겠는가?

【해답】 물을 컵 수북하게 넣는다.

실로 선명하고 멋지게 될 것이니 부디 실험해 보기 바란다. 물의 표면에는 표면장력이라는 힘이 있다. 수면에 세운 유리관 내를 물은 상승한다. 그러면 바깥의 액면보다 위에 있는 부분의 물(사선 부분)은 그림의 화살표처럼 상단의 가장자리에서 벽에서 받는 힘에 의해서 끌려 올라가 있다……다시 말해서 물은 벽에 매달려 있는 것이다. 예를 들면, 벽과 사이를 쇠사슬로 연결한 테이블이 그 쇠사슬의 무게로 인해 벽 쪽으로 당겨지는 그런 힘이 작용한다.

코르크와 컵의 관계에서도 약간 서로가 당기는 힘이 물의 수면장력에서 생겨서 코르크는 벽까지 당겨진다. 중심에 두는 경우는

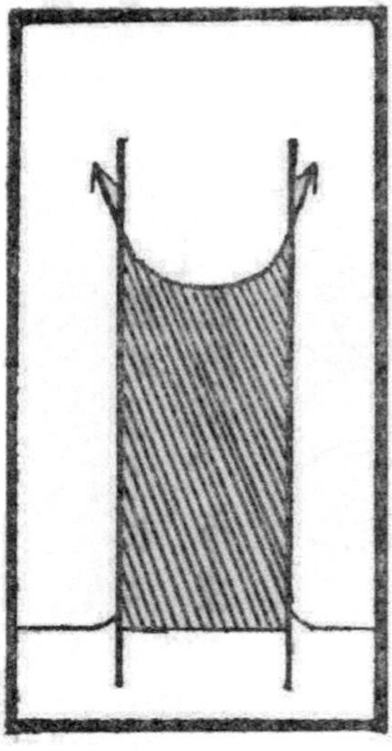

언제나 불안정하고, 어느 벽이든 가까워지면 반대쪽의 힘에 이겨서 코르크는 당겨진다. 물을 「수북히」 넣어 보면 이번에는 코르크에 달라붙어서 코르크를 민다. 물론 표면장력도 작용해서 코르크를 벽에서 떼어놓는 반발력으로서의 효력이 있기 때문에 중심부로 밀려 나가게 되는 모양이다. 아무래도 이 점에 대해서는 저자도 확실하지 않다.

【문제 8】

스푼에 자신의 얼굴이 비치고 있다.

이것은 스푼의 안쪽에 비친 것일까 아니면 바깥쪽에 비친 것일까?

【해답】 안쪽에 비친 것이다.

볼록거울에서는 거꾸로 된 상이 생기는 일은 없다. (1) 오목거울에서는 물체가 가까이 있을 때는 정립상(正立像). (2) 멀리 있을 때는 도립상(倒立像) (3)을 얻을 수 있다.

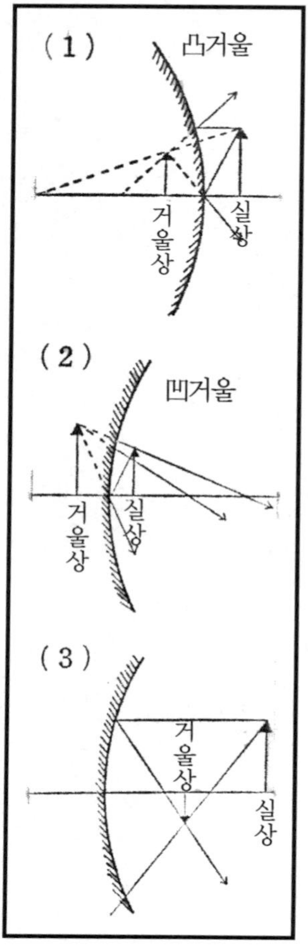

거꾸로 비치고 있는 이상 오목거울이니까 스푼은 안쪽이다. 보통 스푼에 얼굴을 비친다면 얼굴에서 20~30센티미터 떨어뜨리기 때문에 스푼의 커브는 그것보다 훨씬 가파르고, 거꾸로 비치게 된다. 그러나 억지로 눈동자를 스푼 바로 앞에 가지고 가서 보면 대단히 큰 눈알이 비치고 있음을 알 수 있다. 면도날로 사용하는 확대경도 커브가 큰 오목거울이다. 이것도 훨씬 멀리서 보면 거꾸로 보인다.

【문제 9】

1.5볼트의 전지가 3개 있다. 이 3개를 그림처럼 하나만을 거꾸로 하고 작은 전구에 접속했다. 과연 작은 전구가 켜지겠는가?

【해답】 켜진다. 다만 배터리 한 개로 켠 것보다 어둡다.

1개가 반대로 향해 있기 때문에 거기서 전류는 멎어 버린다…… 고 생각한 사람이 많은 것은 아닌지. 실제로 해보면 틀림없이 켜진다. 배터리는 전자(電子)의 펌프이다. 물을 퍼 올리는 펌프를 그림처럼 사용했다고 해석하면 2대 분의 펌프에게 눌려서 1대의 펌프가 역류해서 결국 1대 분의 수압, 배터리로 말하면 1개 분의 전압이 나온다고 생각할 수 있다.

물론 배터리 내의 저항을 3개나 빠져나가기 위해 1개뿐일 때보다 전류가 줄고 약간 어두워진다.

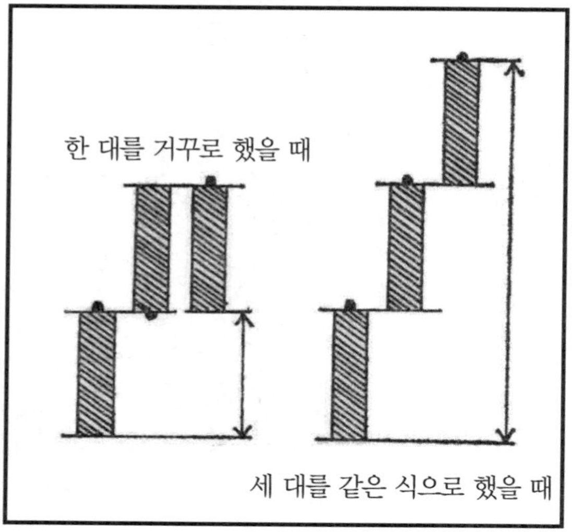

<이 장의 정리>

스웨덴 스톡홀름의 거리를 걷고 있을 때, 신주쿠 니시구치(西口)식의 지면보다 1층 분만큼 내려가 있다, 게다가 하늘이 보이는 장소였다. 두 개의 에스컬레이터가 있고 어느 쪽이나 멈춰 있다. 고장인가 하고 생각하면서 왼쪽 에스컬레이터를 걸어서 올라가기 시작했다. 절반 정도 올라갔을 때 위쪽의 사람 그림자를 보자 어떻게 된 것인지 에스컬레이터가 내려가기 시작한 것이다. 그 때의 놀라움은 정말 대단했다. 그대로 뛰어서 올라가려고 생각했지만, 위쪽에서 내려오는 부인의 허리의 크기를 보아하니 아무리 가냘픈 나도 옆을 빠져나갈 수 있을 것 같지 않다 생각하고 홱 방향을 바꿔서 마치 처음부터 내려가는 손님과 같은 얼굴을 하고 다시 아래까지 내려갔다.

아래까지 내려가서 생각했다. 왼손으로 턱을 문지른 것은 말할 것도 없다. 부인이 내리고 에스컬레이터가 이윽고 정지했다. 도쿄 출신인 촌놈은 그 구조를 몰랐는데, 이윽고 이렇다 하는 것을 생각한 나는 이번에는 오른쪽 에스컬레이터에 탔다……고 생각할 틈도 없이 계단은 오르기 시작했다.

퍼즐이었군요, 그것은. 생각해도 알 수 없을 때는 에이 차라리 해보자 하고 대답이 나온 것이다. 아마 광전 감지식 절전 에스컬레이터였던 모양이다.

과학적 연구가 책상 위에서 생각만으로 대답이 나온다면 돈은 전혀 들지 않는다. 그러나 해보지 않으면 모르는 세계는 상당히 과학이 발달한 현재도 얼마든지 있다.

지금은 많이 개발되었지만, 오래 전 미국에서 아폴로 계획에 필적하는 정도의 대 계획으로서 항암제의 개발이 연구되고 있었다고 하는데, 그 대부분은 많은 화학약품을 연간 몇 만 종 테스트하여 항암 효과가 있는지 여부를 조사한다……다시 말해서 서투른 총도 많이 쏘면 맞는다는 방식의 이론 없는 「몸으로 부딪치는 것」이니 대단하다. 「해보지 않으면 모른다」로 여기까지 오면 철저하다. 그러나 현재 사용되고 있는 훌륭한 의약품의 대부분 어느 것이나 「해보지 않으면 모른다」식으로 발견된 것이다.

실험으로 연구하는 것은 지금이야말로 옳다고 하지만, 인류의 역사에 있어서 이 태도가 정착할 때까지는 상당한 세월이 필요했다. 왜 새가 날 수 있는가 하는 물음에 대해서 일반적으로는 「신이 명하기 때문이다.」라는 대답이 옳다고 믿고 있던 시대에 새가 나는 방법을 상세하게 관찰하고 해부까지 한 레오나르도 다 빈치의 「실험에서 이론을」의 사고방식은 당시로서는 상당히 유니크한 것이었음에 틀림없는 것이다.

과학 퍼즐

초판 인쇄일 / 2023년 01월 09일
초판 발행일 / 2023년 01월 13일
☆
다나카 미노루 / 지음
홍영의 / 엮음
펴낸이 / 김동구
펴낸데 / 明文堂
(창립 1923년 10월 1일)
서울특별시 종로구 윤보선길 61(안국동)
우체국 010579-01-000682
☎ (영업) 733-3039, 734-4798
(편집) 733-4748
fax. 734-9209
e-mail : mmdbook1@hanmail.net
등록 1977. 11. 19. 제 1-148호
☆
ISBN 979-11-91757-73-6 03500
☆
값 20,000원